我最喜欢的百科图书馆

WO ZUI XI HUAN DE BAI KE TU SHU GUAN

徐井才 ◎ 主编

U0732433

ZHENXI KONGLONG BAIKE

珍惜恐龙百科

北京出版集团公司
北京教育出版社

图书在版编目（CIP）数据

珍惜恐龙百科／徐井才主编.—北京：北京教育出版社，2012.12
（我最喜欢的百科图书馆）
ISBN 978 -7 -5522 -1664 -6

Ⅰ.①珍…　Ⅱ.①徐…　Ⅲ.①恐龙—青年读物②恐龙—少年读物
Ⅳ.①Q915.864-49

中国版本图书馆CIP数据核字（2012）第302003号

珍惜恐龙百科

徐井才　主编

*

北京出版集团公司
北京教育出版社　出版
（北京北三环中路6号）
邮政编码：100120
网址：www.bph.com.cn
北京出版集团公司总发行
全国各地书店经销
永清县晔盛亚胶印有限公司印刷

*

710×1000　16开本　10印张　90000字
2012年12月第1版　2012年12月第1次印刷
ISBN 978 -7 -5522 -1664 -6
定价：24.80元

质量监督电话：(010) 51222113　58572750　58572393

　　恐龙，大约在距今2.4亿年以前作为地球上最庞大的家族统治着海洋、陆地和天空，支配世界长达1.75亿年之久。直到6500万年之前，这个超级强悍的霸主突然间消失了。它的神秘引来了许多古生物学家的探索……

　　本书以一种全新的视角向读者展示了神秘的恐龙世界，让你充分了解恐龙的生活。仝书收录了100余种恐龙的介绍，是市场上记载恐龙最全的恐龙百科书。每种恐龙配有精美插图，生动再现了恐龙的真实面目。

　　相信此书会给你带来全新的视觉盛宴，激发你丰富的想象力，给你带来愉悦的享受。

CONTENTS 目　录

❸ 第三章　探秘侏罗纪

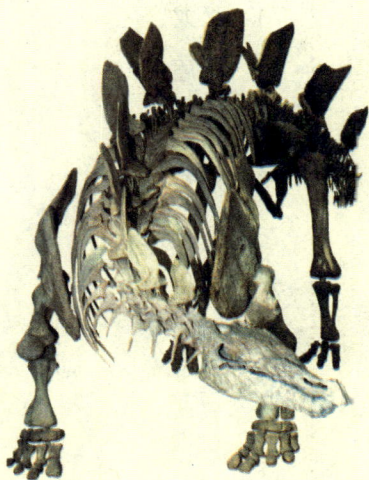

❹ 第四章　**追寻白垩纪**

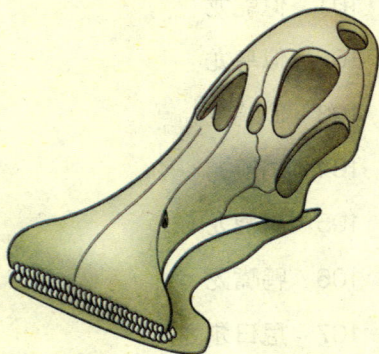

⑤ 第五章　**恐龙灭绝之谜**

第一章
恐龙概述

从2.45亿年前到6550万年前，恐龙从出现到灭绝，统治了地球大约1.80亿年。中生代的恐龙多种多样，有肉食性恐龙，也有植食性恐龙。古生物学家通过对恐龙化石的研究展开了对恐龙的研究。让我们一起跟着古生物学家一起来探索恐龙的世界吧！

认识恐龙

　　大约在2.5亿年以前，在人类还没出现的遥远年代里，一群前所未有的生物——恐龙出现在了地球上。它们中既有史上最大的陆生动物，也有最致命的掠食者。

独特的爬行动物

　　恐龙属于爬行动物，它的四肢是从身体下面把自己支撑起来，可见它的四肢比其他爬行动物强壮许多。

恐龙的多样性

　　迄今已发现各种各样　　的恐龙。有的和一只母鸡差不多大，有的却有10头大象那么大。
肉食性恐龙拥有锋利的牙　　　　　　　　　　齿，而某些植食性恐龙则长有无齿的喙。还有脸部长角，头上
长冠的等。

🔴 青岛龙长有骨质头冠。

🔴 食肉牛龙头上长有硬角。

🔴 伶盗龙全身覆有羽毛。

🔵 似鸡龙长有无齿的喙。

恐龙生活在什么时代

　　恐龙生活在中生代，即距今6550万~2.50亿年前的那段时期。中生代又被分成3个时期：三叠纪、侏罗纪、白垩纪。

🔴 这个时间轴展示了从最初的植物和动物的诞生到今天的人类文明的地球编年史。

前寒武纪时代

出现软体生物
6.45亿年前

出现拥有骨骼的鱼类
5.95亿年前

出现陆生植物
4.4亿年前

出现鱼
奥陶纪

志留纪 出现陆生生物
4.17亿年前

出现两栖动物
3.54亿年前
泥盆纪

出现爬行动物

出现会飞的昆虫

出现森林
石炭纪
2.92亿年前

二叠纪
出现会游泳的爬行动物
2.50亿年前

出现恐龙
2.51亿年前

三叠纪

出现哺乳动物

侏罗纪 出现大型肉食恐龙

出现鸟类

出现有花植物
1.42亿年前

白垩纪

最后的恐龙
6550万年前

出现马

出现大象

出现猫科动物

第三纪

出现原始人类
181万年前
第四纪

恐龙的分类

　　恐龙被分成两大类：蜥臀目恐龙和鸟臀目恐龙。蜥臀目恐龙长有和现在蜥蜴相似的臀骨。鸟臀目恐龙则有着和现在鸟类相似的臀骨。

最大的类群

　　鸟臀目恐龙组成了恐龙里面最大的类群。它们都属于植食性动物，并且大多数喜欢群居。鸟臀目又可划分为5类：剑龙类、肿头龙类、鸟脚类、角龙类和甲龙类。

剑龙　　　　　　肿头龙　　　　棱齿龙　　　　三角龙　　　　　　　　甲龙

和许多兽脚类恐龙一样，暴龙长有尖锐的锯齿状牙齿，可以从猎物身上撕咬大块的生肉。

植食性恐龙和肉食性恐龙

　　蜥臀目恐龙被分为蜥脚形亚目和兽脚亚目。大部分蜥脚形亚目恐龙都是植食性动物，它们大部分时间用四条腿行走，并拥有长长的脖子和尾巴。兽脚类恐龙是恐龙世界中的杀戮者。它们大部分是肉食性动物，靠两条腿行走，长有尖锐的牙齿和锋利的爪子，用来捕食猎物。

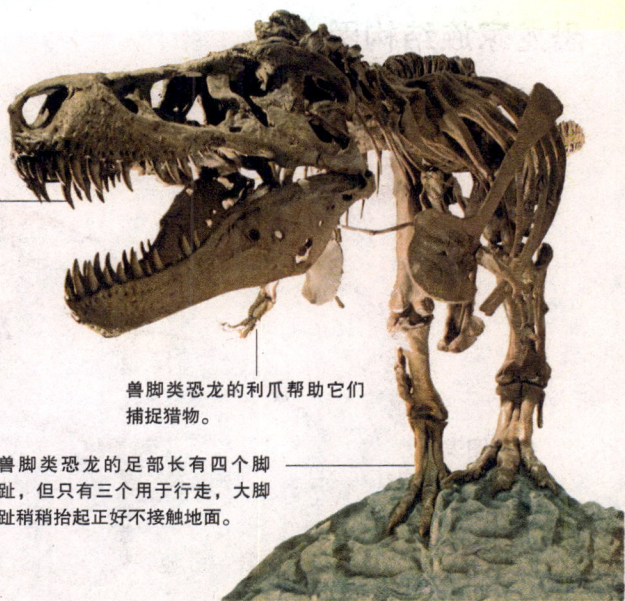

兽脚类恐龙的利爪帮助它们捕捉猎物。

兽脚类恐龙的足部长有四个脚趾，但只有三个用于行走，大脚趾稍稍抬起正好不接触地面。

恐龙活动时间轴

恐龙大约生活了1.75亿年。它们总在随着时间推移而进化：新物种出现，旧物种灭绝。这个时间轴显示了不同种类的恐龙存活的年代。

原蜥脚类恐龙

腔骨龙　皮萨诺龙

板龙

三叠纪晚期　三叠纪中期　2.4亿年前

快达龙　乌尔

敏迷龙

恐爪龙

9900万年前

尾羽龙

伊森龙

禽龙

重爪龙

2.08亿年前

伊森龙出现在三叠纪晚期，是已知最早的蜥脚类恐龙。

火山齿龙
合踝龙

肢龙

巨齿龙

华阳龙是已知最早的剑龙之一。

莱索托龙

异齿龙

华阳龙

近蜥龙

侏罗纪早期

1.75亿年前

灵龙

蜀龙

小型鸟脚类恐龙，如异齿龙和莱索托龙，最早出现在侏罗纪早期。

大型兽脚类恐龙在侏罗纪中期开始盛行。

侏罗纪中期

恐龙家族结构图

这张图表显示了不同类别的恐龙的相互关系。每个分支的末端画着的恐龙代表了这个类别包含的不同的物种。

始祖鸟

恐爪龙

棘龙

腔骨龙

梁龙

鸟类

龙爪龙类

手盗龙类

似鸟龙

棘龙科

印度鳄龙

里澳哈龙

异特龙

异特龙科

新角鼻龙类

腔骨龙超科

原蜥脚类

蜥脚形亚目

兽脚亚目

蜥臀目

使用图表

观察这张图表，你能找到众多恐龙的各自类别。举个例子，你能查到异特龙属于异特龙科恐龙。异特龙科恐龙都属于兽脚类，而所有兽脚类恐龙都归属于范围更广的蜥臀目。

白垩纪晚期是恐龙最具多样性的时代。剑龙类在这个时期灭绝了，但更多新的种类出现了。

巨龙

奔山龙

伤齿龙

肿头龙

三角龙

镰刀龙

栉龙

结节龙

似鸟龙

暴龙

白垩纪晚期

6500万年前

最早的鸟类始祖鸟出现在侏罗纪晚期。

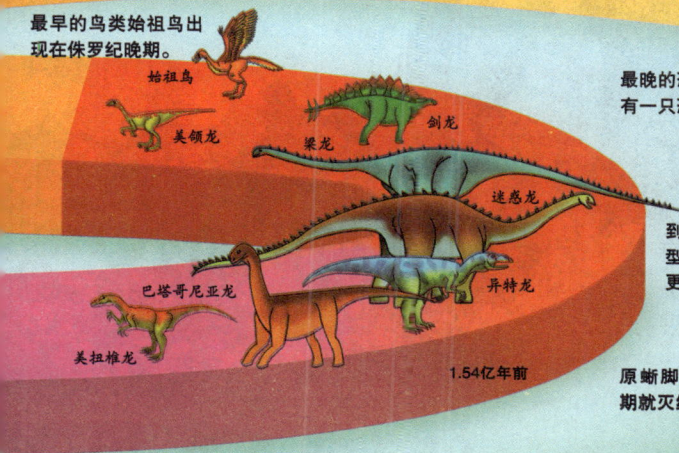

始祖鸟

美颌龙

梁龙

剑龙

迷惑龙

异特龙

巴塔哥尼亚龙

美扭椎龙

1.54亿年前

最晚的恐龙生活在6500万年前的地球上。迄今所知，没有一只恐龙在6500万年前这个时期以后存活。

到了侏罗纪晚期，蜥脚类恐龙通常拥有惊人的体型。例如，迷惑龙和梁龙可以长到20米长，甚至更长。

原蜥脚类恐龙在侏罗纪中期就灭绝了。

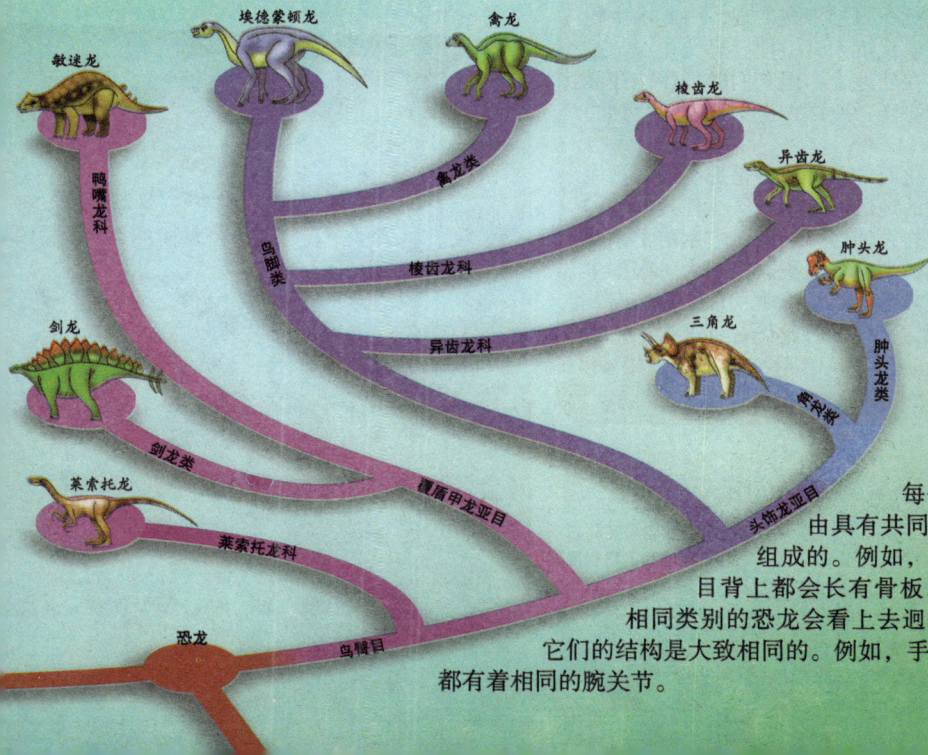

敏迷龙

埃德蒙顿龙

禽龙

棱齿龙

异齿龙

肿头龙

剑龙

鸭嘴龙科

鸟脚类

禽龙类

棱齿龙科

异齿龙科

三角龙

角龙类

肿头龙类

头饰龙亚目

莱索托龙

覆盾甲龙亚目

剑龙类

莱索托龙科

恐龙

鸟臀目

共同特征
每个类别都是由具有共同特征的恐龙组成的。例如，覆盾甲龙亚目背上都会长有骨板。有时候，相同类别的恐龙会看上去迥然不同，但它们的结构是大致相同的。例如，手盗龙类之间都有着相同的腕关节。

寻找恐龙化石

有时候人们会在不经意间发现恐龙化石，但更多的化石则是由古生物学家在有计划的考察中发现的。这些考察活动常常需要持续数年，并在险恶的条件下深入展开。

▷ 一具窃螺龙骨骼化石在戈壁沙漠被发现。强风将戈壁沙漠中的岩石风化，于是化石便裸露出来了。

化石只在沉积岩层中被发现，因此古生物学家们会在中生代沉积岩中搜寻恐龙化石，虽然恐龙只生活在陆地上，但它们的尸体往往会随着河流进入海洋，所以古生物学家也会到海洋里寻找。

寻找恐龙化石的最佳场所是那些岩石被大范围持续侵蚀的地区。这些地区往往是偏远的沙漠或裸露的岩石地区。然而，古生物学家并不能探查所有的中生代沉积岩，因为一些中生代岩层深埋在其他岩层、土壤、水，甚至建筑物底下。因而，有许多恐龙化石将被永远地埋藏。

▷ 这些鸭嘴龙骨骼化石从北美荒地的沉积岩里露了出来。

发掘恐龙化石

对恐龙化石进行挖掘、运输和清洗的过程艰难而又耗时。发现化石后首先要剥离化石，需要古生物家小心地将周围的岩石和泥土移除，然后他们会对每块化石进行测量、拍照、绘图和贴标签，每块碎片的具体位置也会被小心记录，这些详细信息是日后骨骼重构所必需的。化石出土后，要包裹起来以免损坏，一些化石过于沉重还得需要起重机来搬运。

化石被带到实验室里，要仔细清洗，并用化学溶剂加固，以防止它碎裂，然后将化石保存到安全的地方。

科学家们还可以通过用复杂的X光扫描仪来探测岩石里面化石的形状，使用扫描仪，科学家们能够知道如头骨里脑室的大小或蛋里面小恐龙的位置等信息。

◁ 这是一张X光照片，可以看到蛋里面未出生的恐龙。

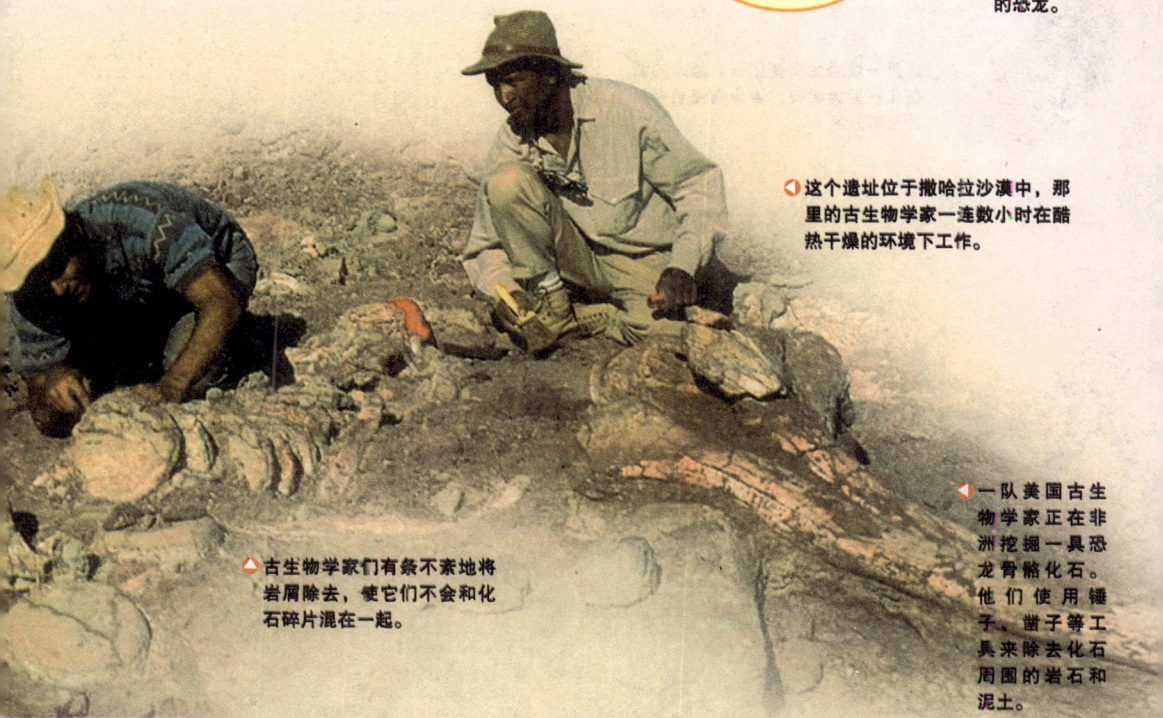

◁ 这个遗址位于撒哈拉沙漠中，那里的古生物学家一连数小时在酷热干燥的环境下工作。

△ 古生物学家们有条不紊地将岩屑除去，使它们不会和化石碎片混在一起。

◁ 一队美国古生物学家正在非洲挖掘一具恐龙骨骼化石。他们使用锤子、凿子等工具来除去化石周围的岩石和泥土。

奇异的恐龙化石

　　一些恐龙死后其尸体在岩石中得以保存。经过几百万年的演变，覆在动物尸体上的沉积物逐渐分层。每一层都会对下层施加很大的压力，致使沉积物慢慢地转变成岩石。岩石里的化学物质会从动物的骨头和牙齿的小孔里渗进去。这些化学物质以极其缓慢的速度逐渐变硬，于是动物骨骼就变成了化石。变成化石的动物身体的坚硬部分，比如牙齿和骨头等，被称为遗体化石。

🔴 一只恐龙在水边死去，它的肉体马上开始腐烂，只有骨骼留了下来。

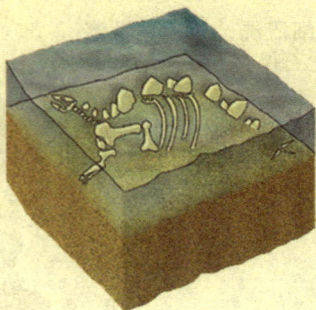

🔴 水面上升淹没了骨骼。沉积物在骨骼上面堆积，防止它们被分解。

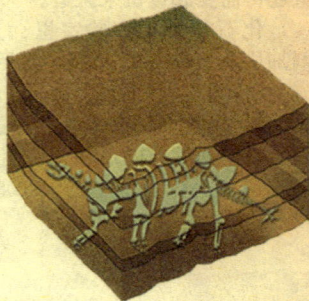

🔴 沉积物逐渐变成岩石，将恐龙的尸骨埋在了岩层中间。

◀ 这是一块恐龙粪便化石。恐龙的粪便化石更为稀有，因为粪便更容易被迅速分解。

🔴 这是一具剑龙骨骼化石。它几乎完整无缺，因而古生物学家可以很容易地推测它的外形。

前脚上的5块坚固、宽大的趾骨能够分担剑龙的体重。

恐龙时代地球的变化

恐龙时代的地球与现在的地球迥然不同。从那时候起，新海洋形成了，大陆改变了位置，新山脉从平地隆起。这些都是由组成地球表面的巨型岩石——板块的运动引起的。

漂移的大陆

板块组成了地球的表面或地壳，**覆在地幔的上面。地幔的一部分是熔融的**，它们在不停地运动，带动上面的板块。经过数百**万年板块的移动，恐龙生活的年代，这些大陆**所在的位置与今天大不相同。

运动的山脉

在恐龙存活的时候，今天的一些山脉还尚未形成。比如说，喜马拉雅山脉在恐龙灭绝500万年之后才形成，是由亚洲板块和印度洋板块相互相撞产生的。地壳产生褶皱隆起，从而诞生了世界上最高的山脉。

海洋的改变

板块运动也改变了海洋的形状和大小。

化石证据

化石可以帮助我们推测大陆是如何飘移的。

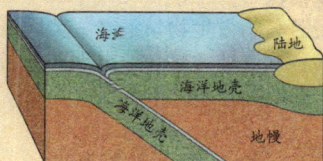

⬤ 棱齿龙化石在北美洲和欧洲同时被发现，表明欧洲和北美洲曾经是相连的。

⬤ 这张示意图表示两个板块在海底发生碰撞的情形。一条深深的裂缝，也就是人们常说的海沟，在两个板块之间形成。

⬤ 这些山是喜玛拉雅山脉的一部分。喜玛拉雅山脉分布在印度与中国边界处。

著名的恐龙猎人

多年以来，成百上千的人投身到搜集恐龙化石的工作中，他们被称为恐龙猎人。这里将介绍几位最著名的恐龙猎人。

早起专家

最早的恐龙猎人之一是英国地理学家威廉·巴克兰。1815年，巴克兰鉴定了来自某种已经灭绝的爬行动物化石。1824年，这种爬行动物被巴克兰命名为锯齿龙，这样巴克兰成为了第一位描述并命名恐龙的人，尽管它并没有使用"恐龙"一词。

无畏的冒险家

罗伊·查普曼·安德鲁斯是一名美国博物学家，他以20世纪20年代在戈壁沙漠进行的化石考察闻名于世。

安德鲁斯发现了数百具恐龙骨骼化石，其中有一个完整的巢穴，里面不仅有恐龙蛋，还有雌恐龙。这个发现第一次证明，恐龙不仅会孵蛋，还会照顾巢穴。

新恐龙侦探

现代最著名的古生物学家之一美国人保罗·赛利诺领导了世界各地的恐龙遗址考察。他发现和命名了许多非洲恐龙，包括非洲猎龙和似鳄龙。

🔺 威廉·巴克兰是第一个基于一块下颌及其牙齿的残骸描述并为巨齿龙命名的人。他是一个聪明却古怪的人，后来成为了西敏斯特大教堂的主持牧师。

🔺 理查德·欧文是"恐龙"一词的发明者，同时也是第一个将它们作为一种与众不同的物种来认识的人。

◀ 安德鲁斯在戈壁沙漠发现了许多化石，其中包括首次发现的恐龙巢穴。这是他在一处巢穴遗址展示恐龙蛋化石。

最新恐龙发现

每时每刻都会有新恐龙化石在全世界各地被发现，而每个新发现都会增加古生物学家对恐龙的认识。下面是一些最近的激动人心的发现。

恐龙心脏

在1993年发现的一具完整的奇异龙骨骼中发现，它的胸腔里面有一团深棕色的物质。

一些古生物学家坚持它是奇异龙的心脏。如果这是真的，它便是迄今发现的唯一的恐龙心脏。

微型恐龙

棒爪龙是一种微型兽脚类恐龙。1998年在意大利发现的棒爪龙化石是迄今为止古生物学家发现的保存最完整的恐龙化石。它的大部分骨骼都接近于完整无缺，更令人惊奇的是，它的肠、气管、肝脏和肌肉的痕迹也都被保存了下来。

巨大的发现

许多科学家认为波塞东龙是地球上曾经存在过的最大的恐龙之一。它大约有18米高，60吨重。它是如此巨大，以至于走起路来地动山摇。也有科学家认为波塞东龙根本不是一个新的恐龙物种，只是一头比寻常个体更大的腕龙。

🔴 令人吃惊的是，约巴龙被发现时有95%的骨骼完整无缺。

🔻 这具棒爪龙化石中只有下肢和尾部缺失。

最大的恐龙考察队

最大的化石考察活动曾在东非坦桑尼亚名为汤达鸠的偏远山区展开。从1909年持续到1913年，大约有900人参加了这次考察。在这次考察中，共有10种不同的侏罗纪晚期恐龙被发现。

成吨的化石

汤达鸠考察队是由一队德国古生物学家组织起来的，他们雇用当地人挖坑，几乎挖遍了整个汤达鸠。当地人需要步行4天把化石运往最近的港口，使得化石能够装船运往德国。4年里，250吨化石被转移，从遗址到港口的搬运多达5000次。

汤达鸠位于坦桑尼亚南部。所有从汤达鸠发掘的恐龙化石都从最近的港口林迪装船运往德国。

相似的遗址

许多在汤达鸠发现的恐龙化石种类也在美国犹他州的恐龙国家纪念公园被发现。非洲和北美洲在侏罗纪晚期曾连在一起,因而同一种恐龙在两块大陆都有分布。例如,异特龙和角鼻龙在这两个遗址都有发现。

最高的恐龙

在这个遗址里还发现了5种不同种类的蜥脚类恐龙化石:重龙、叉龙、詹尼斯龙、汤达鸠龙和世界上最高的恐龙——腕龙。

▲ 腕龙一口能吃掉大量的对叶。它们的嘴宽到足以吞下整个人。

第二章
走进三叠纪

约2.50亿年至2亿年前，中生代正式开始。恐龙就是在这一时期出现的，它们有凶猛的肉食性恐龙，也有素食主义者——植食性恐龙，相信你一定很想认识它们吧，一起走进三叠纪，探索恐龙的奥秘吧！

三叠纪——恐龙出现时代

在三叠纪时期，动物和植物与现在的大不同。爬行类动物统治着陆地和天空，地球上没有草本植物或有花植物。就在这个时期，恐龙出现了。

燥热的气候

地球的赤道部分最为炎热，恐龙出现的时候，赤道从泛古陆的中部穿过。这意味着陆地的大部分都受到太阳光的直射，因而比今天的陆地更炎热。

海边生存

三叠纪时期的化石表明，大部分恐龙生活在泛古陆靠近海岸相对潮湿的地区和灌木丛林地，只有少数在沙漠里生存。

◀ 这是一幅典型的三叠纪时期的场景，一只后鳄龙（一种似鳄祖龙）正在湖边捕猎。

◀ 腔骨龙是一种小型肉食性恐龙。它们成群活动，以抵御更强大的肉食性动物的袭击。

时代的更替

最初的恐龙十分弱小，被体形大过它们数倍的似鳄祖龙捕食，但到了三叠纪末期，恐龙的体形开始增大，而似鳄祖龙开始减少。恐龙的时代来临了！

始盗龙

始盗龙的生存年代非常早，大约在距今2.30亿~2.25亿年前的三叠纪晚期，是目前发现最古老的恐龙了。

始盗龙的个头非常小，体长约为1.5米，大概跟现在的狗差不多，但它后肢粗壮，前肢短小，是一种主要靠后肢行走的肉食性恐龙。它还有尖牙利齿，前牙呈树叶状，这和植食性恐龙的很像，但是后牙却和肉食性恐龙的很相似，都长得像槽一样，这一特征证明始盗龙很可能既吃植物又吃肉，同时也说明它应该是地球上最早出现的恐龙之一。它就像一个突然闯入地球的强盗，相对其他生物来说有着非常明显的优势，让它能够迅速猎杀猎物，一些小动物甚至某些哺乳动物的祖先都成了它的美餐。

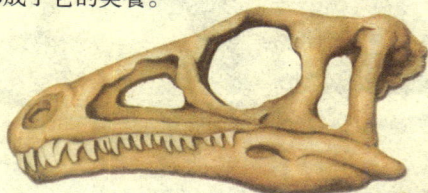

恐龙小档案
名称：始盗龙
身长：1.5米
食性：以肉食为主的杂食
生活时期：三叠纪晚期
发现地点：南美洲阿根廷

🔺一名古生物学家正在用精巧的工具将始盗龙头骨化石上的岩石颗粒除去。始盗龙的头骨如此小巧，以至于处理它的纤细骨头时必须格外小心。

🔺始盗龙头骨

始盗龙的眼睛很大。

始盗龙的前肢有五指。

艾雷拉龙

艾雷拉龙又名黑瑞龙，大约生活在2.25亿年前的三叠纪晚期，它的出现比始盗龙稍微晚了一点，但仍然是已知的最古老的恐龙之一。艾雷拉龙的化石于1991年在阿根廷安第斯山脉被美国芝加哥的一位大学教授发现。

恐龙小档案

名称：艾雷拉龙
身长：长约5米
食性：肉食性
生活时期：三叠纪晚期
发现地点：阿根廷北部

艾雷拉龙体长5米，体重约为180千克，它的骨骼较细、较巧，这让它在行动的时候动作很敏捷，是一种速度相当快的两足肉食性恐龙。从它的听小骨来看，它可能具有非常敏锐的听觉。因为是用两足行走，所以它的后肢强有力，比前肢要长、要健壮得多。

艾雷拉龙主要捕食一些爬行类动物和小型的食草性恐龙，它经常会用锋利的牙齿和爪子对付敌人和猎物。它的头部特征与今天的某些蜥蜴类似，能够迅速攻击，加上它灵敏的听觉、闪电般的奔走速度，让它成为那个时代最恐怖的捕食者之一。

牙齿锐利，边缘像锯子。

艾雷拉龙头长而尖。

它的颌骨有两个节，有助于咬住猎物。

恐龙知识小宝库

艾雷拉龙发现者

赛瑞诺是美国芝加哥大学教授，他对恐龙的实地研究始于1988年，范围在阿根廷安第斯山脉的山脚地区。他的小组在该地首次挖掘到早期的恐龙化石——艾雷拉龙。1991年，赛瑞诺一行人重返该地，并起出了一根小骨头，这根骨头属于一种新品种的恐龙——始盗龙。可追溯到2.8亿年前的恐龙时期之初。

🔺 艾雷拉龙发现者——赛瑞诺

板龙

板龙出现在2.22亿~2亿年前的三叠纪晚期，据考古研究，它是生活在地球上的最早的植食性恐龙，板龙是最著名的原蜥脚类恐龙，也是欧洲最常见的恐龙之一。

板龙的骨架很结实，它体长能够达到6~8米，体重重达5吨，较其他的类似的动物要壮实许多。它的头部

板龙的手指和脚趾的作用差不多，只是在拿东西的时候用"手"抓。

板龙的后腿比较强壮，可以支撑起整个身体。

比较小也比较坚固，在颌骨上有很多树叶状的小牙齿，能够帮助它们撕咬植物，并且它们还有像鸟类一样的嗉囊来帮助消化，让它从植物中汲取足够的营养，这个特征显示了板龙只以植物为食。

板龙是一种结群生活的恐龙，就像现在的河马和大象一样，这对它们防御敌人起到了很好的作用。它经常出没在森林和湖畔等绿色植物丰富的地方，有着丰富的食物，同时又没有什么天敌，让板龙成了当时地球上最庞大的动物。

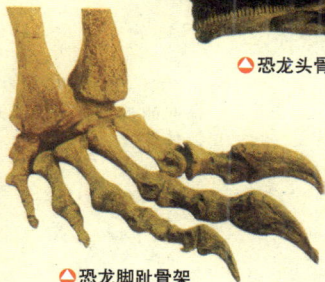

🔺恐龙头骨化石

🔺恐龙脚趾骨架

▶这张图片描绘了一群板龙聚在河边饮水的情景。在德国、法国和瑞士发现了许多板龙化石。

19

腔骨龙

　　腔骨龙又名虚形龙，生活在三叠纪时期，是北美洲早期的肉食性恐龙，也是世界上已知的最早的恐龙之一。

　　腔骨龙体长2~3米，臀部有1米多高，属于一种体形较小的恐龙，它的行动应该很轻盈。腔骨龙头部长而狭窄，有着尖尖的嘴巴和长长的牙齿，牙齿像剑一样向后弯，牙齿的前后缘有着小型的锯齿边缘，是标准的猎食性恐龙的牙齿。颈部呈S形，加上短小的前肢和修长的后肢，外形上就像一种大型的鸟类。当它快速奔跑的时候，尾巴就变成了舵，用来保持平衡。腔骨龙像鸟类一样能够以尿酸的形式排出体内的毒素，不像哺乳动物一样需要撒尿来排毒，这样腔骨龙就不会失去更多的水分了，让它

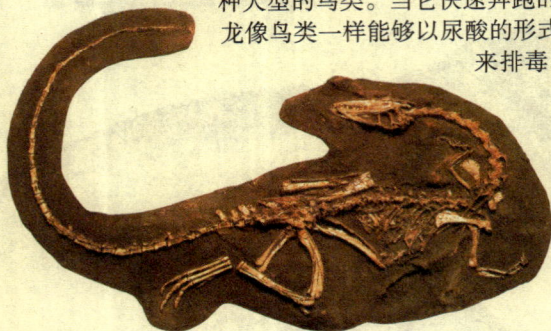

恐龙知识小宝库

　　活着的腔骨龙的颈脖并非如此向后扭曲，发生这种现象是由于动物死亡后不久肌肉就会收缩，从而头顶向后拉。

🔺 有些骨架化石保留有恐龙最后晚餐的证据。这只腔骨龙的胃里有其同类幼仔的骨头，这是目前唯一的恐龙嗜食同类的例子。在成年腔骨龙的肋骨之间，可以看见细小的椎骨和大腿骨。

非常适应干燥的生存环境。

　　腔骨龙最大的特点就是它的骨头是空心的，可以帮助减轻头颅骨的重量，而且洞孔间的狭窄骨头也能够保持头颅骨的结构完整，这样的优势让它行动异常敏捷，奔跑迅速。

奔跑时，尾巴向后伸直起来保持平衡。

一颗颗尖牙帮助它们撕咬猎物的皮肉。

锋利的爪子可以紧紧地抓住猎物。

恐龙小档案

名称：腔骨龙
身长：长2~3米
食性：肉食性
生活时期：三叠纪晚期
发现地点：美国亚利桑那州、新墨西哥州、犹他州

🔶 腔骨龙是早期恐龙中最为敏捷的，依靠速度捕猎蜥蜴和其他小型动物。进食猎物前，它们会用牙齿和颌将猎物的肉撕开。

理理恩龙

理理恩龙生活在三叠纪晚期，是一种肉食性的兽角类恐龙。它体长有3~5米，重达100~140千克，有着长长的脖子和尾巴，前技相当短小，后肢粗壮有力，是生活在这个时候的最大的肉食性恐龙。

理理恩龙最特别的地方是它头上的脊冠，只是两片薄薄的骨头，很不结实，一旦在捕食的时候遭到攻击，就会因为剧烈的疼痛而不得不放弃眼前就要到手的猎物，这也许是被它捕捉的猎物能够逃脱的唯一方式了。除此之外，理理恩龙的每个前肢上还有5个手指，不过它的第四指和第五指已经退化缩小了，显示出了早期肉食性恐龙的一些特点，因为在此之后的肉食性恐龙中，第四指和第五指基本上是不发育的。

理理恩龙一般吃的是小型恐龙，不到万不得已的时候是不会去猎食像板龙那样的大型恐龙的，它的进攻方式同许多现代的捕食性动物的猎食方式比较接近，但在饥饿难耐的时候会在水边袭击因喝水而行动变得缓慢的大型植食性恐龙，堪称是喜欢在湖边漫步和进食的板龙的天敌。

恐龙小档案

名称：理理恩龙
身长：长3~5米
食性：肉食性
生活时期：三叠纪晚期
发现地点：法国、德国

哥斯拉龙

恐龙小档案

名称：哥斯拉龙
身长：长5~6米
食性：肉食性
生活时期：三叠纪晚期
发现地点：美国新墨西哥州

哥斯拉龙生活在距今约2.10亿年前的三叠纪晚期，它的化石被发现于美国新墨西哥州库珀峡谷，属于兽脚类腔骨龙。发现的化石包括一根有锯齿边缘的牙齿、四根肋骨、四节脊椎、骨盆及一根胫骨。

哥斯拉龙身长可达6米，体重估计150~200千克，因为它属于腔骨龙类，所以它体态轻盈，能够快速移动，生存能力极强，这让它能够在激烈的竞争中脱颖而出。

据古生物学家推测，哥斯拉龙很可能是三叠纪个子最大的食肉性恐龙，绝对是那个年代陆地上的霸主。

⬆ 哥斯拉龙与人对比图

恐龙知识小宝库

恐龙名字的由来

恐龙的名字通常是根据发现人的名字、恐龙自身的特征或发现地的名称来命名的。

瓜巴龙

　　瓜巴龙被发现于南大河州瓜巴市的水文盆地，时间是在1999年，发现者是波拿巴和他的同事。瓜巴龙生活在三叠纪的晚期，属于较早期的肉食性恐龙。

　　瓜巴龙的上颌骨与下颌骨相之要发达许多，而且上颌骨的前端是向下弯突的，它的牙齿比较粗大，眼眶也很大，这些特征都显示了瓜巴龙身上带有身为早期恐龙较为原始的一面。瓜巴龙的体形属于小巧型的，所以古生物学家推测它应该是一种很善于奔跑的恐龙，同时因为身体小，它们也应该是一种群居的恐龙，而且很善于团队狩猎。

　　瓜巴龙与同时代的艾雷拉龙和始盗龙有着一定的亲缘关系，所以在某些身体特征方面已经用有了和后来出现的各种食肉恐龙一样的特征，这主要表现在，它的耻骨已经不是很大了，下颌中部已经没有了植食性恐龙都该具有的那种额外的连接装置了。

恐龙小档案

名称：瓜巴龙
身长：不详
食性：肉食性
生活时期：三叠纪晚期
发现地点：巴西

▶恐龙牙齿的形状

恐龙知识小宝库

　　恐龙都长着一副尖锐的牙齿，以便它们更好地咀嚼食物。它们牙齿的大小和形状取决于它们吃的食物，有的可以切断食物，有的可以撕碎食物。

里澳哈龙

　　里澳哈龙生活在三叠纪晚期，其化石是在阿根廷里澳哈龙省发现的，它的发现者是约瑟·波拿巴，它是里澳哈龙科的唯一物种。里澳哈龙属于植食性蜥脚类恐龙。

　　里澳哈龙的体长约11米，体型比较大，为了支撑这庞大的身躯，它的大腿粗壮结实，还有长长的脖子和长长的尾巴，但是它的重量不是很重，因为里澳哈龙的脊椎骨是中空的，这可以减轻重量。与大部分的蜥脚类恐龙不同，它的脊椎骨有4节，比其他蜥脚类恐龙要多出一节来。里澳哈龙的四肢长度差不多，所以它应该是以四足行走的。里澳哈龙的牙齿呈叶状，有锯齿边缘，在上颌的前方有5颗牙齿，后方有24颗，这些能够帮助它很好地进食植物。

　　很多科学家认为里澳哈龙的近亲应该是黑丘龙，因为它们身上有很多特征是一样的，特别是它们的体型和四肢结构。

🔺里澳哈龙

恐龙小档案

名称：里澳哈龙
身长：约为11米
食性：植食性
生活时期：三叠纪晚期
发现地点：阿根廷

南十字龙

　　南十字龙的化石是于1970年在巴西南部的南里约格朗德州发现的，它是南半球发现的少数恐龙之一，因此它的名字便根据只有南半球才可以看见的南十字星座命名的。南十字龙生活在三叠纪晚期，它是已知的最古老的恐龙之一，属于肉食性兽脚类恐龙。

　　南十字龙的身长约有2米，体重大概有30千克，尾巴的长度大约只有80厘米，但是与较晚期的其他的蜥脚类恐龙比起来，它的尾巴算是较大的、也是较短的。南十字龙是一种体型比较小的恐龙。从发现的南十字龙的化石来看，它的化石也比较原始，而且发现的化石也不是很完整，只有大部分的脊椎骨、后肢和大型的下颌。但是却能看出它有5根手指和5个脚趾，重建过的下颌骨头显示出了它具有滑动的下巴关节，可以让下颌上下左右地自由移动，这可以让南十字龙能将较小的猎物，沿着向后弯曲的小牙齿往喉咙后方推动。

恐龙小档案

名称： 南十字龙
身长： 约为2米
食性： 肉食性
生活时期： 三叠纪晚期
发现地点： 巴西

又长又细的尾巴用于保持平衡。

南十字龙前肢有5指。

皮萨诺龙

皮萨诺龙又叫做匹萨诺龙、比辛奴龙或皮萨龙，它的学名是根据它的发现者皮萨诺命名的，其化石是在阿根廷的伊斯基瓜拉斯托组发现的。皮萨诺龙生活在三叠纪的晚期，距今有2.28亿~2.165亿年，其活动范围是在今天的南美洲境内，属于植食性鸟臀目类恐龙。

皮萨诺龙体长约1米，身高大约是在30厘米左右，重量只有2.27~9.1千克，是一种非常小型的恐龙。因为没有发现它的尾巴，所以某些研究人员参考其他鸟臀目恐龙的特征，认为皮萨诺龙的尾巴应该是和身体等长的。科学家分析认为，皮萨诺龙是一种比较原始的鸟臀目恐龙。

🔺皮萨诺龙与人对比图

皮萨诺龙

第三章
探秘侏罗纪

  侏罗纪是恐龙的繁荣时期，许多新的恐龙在这个时期迅速崛起。在侏罗纪末期，恐龙无论从体型上、智力上等等都远远超过其他生物，这让它们成为了那个时期的霸主。

侏罗纪——恐龙繁荣时代

侏罗纪是介于三叠纪和白垩纪之间的地质时代，在距今2.051亿~1.42亿年前之间。这个时期，泛古陆已经开始分离。

暖湿的气候

当泛古陆在侏罗纪四分五裂时，汪洋大海在大陆之间形成。海平面上升，大片的陆地被海水淹没。那时的地球与三叠纪时期相比，温度更低，湿度更大，但仍比今天的地球温度要高。

新恐龙崛起

新的、独特的植食性恐龙在侏罗纪时期迅速崛起。例如剑龙和甲龙，它们身上长有保护性的骨板和骨钉。

侏罗纪杀手

许多侏罗纪时期的兽脚类恐龙都是巨型的。它们有的长达12米，能够杀死最庞大的蜥脚类恐龙，其尖锐、致命的牙齿和强有力的下颚能够几乎击溃所有对手。

异特龙

　　异特龙生活在侏罗纪晚期，其生活区域应该是在美国西部、非洲以及中国等国家和地区的沼泽地带。异特龙是一种大型的鸟脚类肉食性恐龙。

　　异特龙的体长12米，高5米，重1.4吨，前肢很短小，但上面长有3个带利爪的手指，很适合用来猎杀植食性恐龙。它一般是用后腿来行走的，所以它的后肢很高也很粗壮，上面还长有3只脚趾，趾上有利爪，还有一条能够保持身体平衡的大尾巴。异特龙是一种非常凶残的恐龙，这不但表现在它具有强壮的前肢和利爪，能够紧紧抓住并轻易地将猎物撕碎，还表现在它的牙齿上。异特龙的牙齿很有特点，牙齿尖锐而且呈内勾状，非常适合撕咬食物，如果它们的牙齿不小心脱落了，还会快速长出新的来，这样它们几乎随时保持了攻击性。

　　虽然异特龙的体形较大，但是非常善于奔跑，并且它们还经常群攻敌人，很讲究策略——先让几只冲上去撕咬毫无防备的猎物，当猎物失去反抗能力的时候就蜂拥而上……这样，很多动物都没办法应付。

🔺异特龙粗壮的尾巴足以把猎物击昏。

◀异特龙长有边缘呈锯齿状的锋利牙齿，这对它吃肉很有帮助。

恐龙小档案

名称：异特龙
身长：12米
食性：肉食性
生活时期：侏罗纪晚期
发现地点：北美洲、非洲

🔺异特龙会频繁袭击大型草性食动物，比如剑龙。剑龙挥动生有脊刺的尾巴作为武器展开战斗，但最后的胜利者常常是异特龙。

角鼻龙

角鼻龙生活在侏罗纪晚期，是它的家族成员中最原始的恐龙，也是体形最大的，被认为和另一种侏罗纪时期的著名肉食性恐龙异特龙非常相似，都有着一般肉食性恐龙共同有的尖牙、利爪，都是强健有力、体形较大的掠食者，都属于中型肉食性恐龙。

角鼻龙长4.5~6米，重0.5~1吨，头部短而厚实，相对于它的身体而言，显得很巨大。其上下颌长着两排弯曲的尖牙，就像

▶ 雄性角鼻龙头上长有尖角。争抢配偶的雄性角鼻龙会用尖角互相顶撞。

恐龙小档案

名称：角鼻龙
身长：长4.5~6米
食性：肉食性
生活时期：侏罗纪晚期
发现地点：美国

锯刀一样，在捕食猎物的时候非常凶猛残暴。

角鼻龙因为体重不算太重，所以在捕食猎物的时候体形不太占优势，一般会选择成群结队地去猎杀较大的猎物，这样才能让它们在竞争残酷的恐龙世界中生存下来。

恐龙知识小宝库

角鼻龙是角鼻龙科其中的一员，这个科的成员还包括有：双脊龙、腔骨龙、斯基龙。

▲ 角鼻龙的头部、脊背和尾巴末端都长有骨质的结合隆起物。它的鼻子上有一个骨质的角。

禄丰龙

　　禄丰龙生活在距今1.9亿年前的侏罗纪早期，因其化石标本是在中国云南省禄丰县发现而得名，是中国找到的第一个完整的恐龙化石。值得一提的是，禄丰龙化石数量众多，种类齐全，密集度高，而且所跨年代长，保存也很完整，堪称世界顶级资源。

　　禄丰龙的体长只有5米　站立起来高2米多，相对于其他的植食性恐龙来说，它个头较小，头骨较小，鼻孔呈三角形，眼眶大而圆，牙齿很小，也不尖锐，而且很单一，前后都是边缘锯齿，颈部较长。有趣的是，它有一条长长的尾巴，能够平衡身体前部的重量，这也是保证它能够自由活动的前提。

　　我们为什么说它拥有三角支架呢？原来，禄丰龙在休息的时候会把长长的尾巴拖在地上，撑起两条后腿，这看起来就像一个三脚架一样，让它能够安稳地睡大觉。除了著名的三脚架之外，禄丰龙还有着短小但能帮它获取食物的前肢，你别小看这前肢，就是它的勤劳工作才养活了后来巨大的植食性恐龙的祖先呢。

🔺 禄丰龙骨架

🔺 禄丰龙头骨化石

🔶 禄丰龙被称为是后来巨大植食性恐龙的祖先。

恐龙小档案

名称：禄丰龙
身长：长5米
食性：植食性
生活时期：侏罗纪早期
发现地点：中国云南禄丰

► 雄性冰脊龙可能用它的头冠吸引异性。

恐龙小档案

名称：冰脊龙
身长：长6.1米
食性：肉食性
生活时期：侏罗纪早期
发现地点：南极洲

► 冰脊龙与人对比图

冰脊龙

　　冰脊龙又名冰棘龙或冻角龙，属于双足兽脚亚目恐龙，是第一个被发现生活在南极洲的肉食性恐龙，也是第一种被记录的南极洲恐龙。它的生存年代可追溯至早侏罗纪的普林斯巴赫阶段，是最早的坚尾龙类恐龙。

　　冰脊龙外形上最大的特征就是它头顶上突出的奇特的骨质结构，就像点缀头顶的小山峰，它的名字也是由此而来。它的牙齿呈锯齿形，并生有利爪，习惯两足行走。在冰脊龙眼睛前方，有一个角状向上的冠，这个奇特的头冠横在头颅上，冠的两侧还备有两个小角锥，因为头冠很薄，所以古生物学家认为其不具备防御功能，猜测其用途是在交配季节用来吸引异性注意的。

　　冰脊龙化石在南极洲的发掘在恐龙研究进程中是一项重大的进展，为证明恐龙有可能是温血动物提供了一个证据，因为要在南极度过长达6个月的冬季的话，就必须维持足够高的体温以免被冻僵。

嗜鸟龙

嗜鸟龙是一种小型肉食性恐龙，生活在侏罗纪晚期。到目前为止，只有在1900年在美国怀我明州发现了一具较为完整的嗜鸟龙化石。

嗜鸟龙大小和一匹小型的矮脚马差不多，最大的嗜鸟龙也就和一个高大的成人身高相仿，但体重却十分的轻，不超过一只中型狗。嗜鸟龙从鼻子到尾尖长约2米，但是它像鞭子一样的尾巴就占了身长的一半以上，长长的尾巴可以在它迅速奔跑或者是在追赶猎物时保持平衡。因为嗜鸟龙的尾巴拖在地上，显得很迟钝，以前的人们就认为它是一种反应迟钝的恐龙。其实，嗜鸟龙是一个非常精明强悍的掠食者。它的颈部呈S形，后肢坚韧有力，奔跑的速度很快。在奔跑的时候，尾巴会与地面平行，以保持身体的平衡。许多躲在岩缝中的蜥蜴、草丛中的小型哺乳动物和小恐龙都逃不出嗜鸟龙的魔掌。

🔺 嗜鸟龙与人对比图

恐龙知识小宝库

世界上有多少种恐龙

科学家认为地球上曾经可能出现过1500多种恐龙，甚至更多。我们现在能确定的大约有500多种，所以还有很多种恐龙有待发现。

大眼睛显示了嗜鸟龙有着超凡的视力。

起初科学家认为嗜鸟龙的尾巴是拖在地上的，后来才断定，行进时它的尾巴也是悬在空中的，起平衡作用。

嗜鸟龙的手指很灵活，可以向内弯曲，可以帮助它抓握住猎物。

恐龙小档案

名称：嗜鸟龙
身长：2米
食性：肉食性
生活时期：侏罗纪晚期
发现地点：美国

美颌龙

美颌龙又叫秀颚龙、细颚龙，是目前人类所发现的最细小的恐龙。它们具有像鸟类一样细长的身体、狭窄的头，成年的美颌龙站起来也只不过到人的膝盖。这种娇小的恐龙生活在侏罗纪晚期温暖的沙漠、岛屿上。

修长而灵活自如的脖子。

恐龙小档案

名称：美颌龙
身长：0.7~1.4米
食性：肉食性
生活时期：侏罗纪晚期
发现地点：德国、法国

◖ 美颌龙和一只鸡差不多大小

美颌龙的头部尖细，大大的眼眶里长着观察力十分明锐的双眼，颌部长着小而锐利的牙齿，这些牙齿非常尖锐，边缘弯曲，加之吻部也是长而尖，能够把小动物的肉从身体上撕下来，可以说是小型动物的致命武器。细细的脖子能够随意弯曲。它的前肢短而健壮，后肢要长一些，看起来也很有力，并且还有较长的尾巴。俯视美颌龙，就会发现它的身体呈流线型造型。这种流线型的外表使美颌龙很适合在浓密的植物丛林中快速穿行，更好地追捕猎物！

美颌龙栖息的区域相当于今天的德国南部和法国一带，这些地方是很难有充分的食物来满足大型的肉食性动物，所以美颌龙可能是当地最大的掠食性动物。

恐龙知识小宝库

美颌龙是在1861年被发现的，因为它的体型较小，一开始还没被认出是恐龙。人们还在它的胃部发现了细小的骨头，推断是它最后吃的食物。

▶ 这具在德国索侯芬发现的美颌龙骨骼化石几乎完整无缺。它的脖子被弯折到背上，长长的尾巴和下肢向左边伸展。

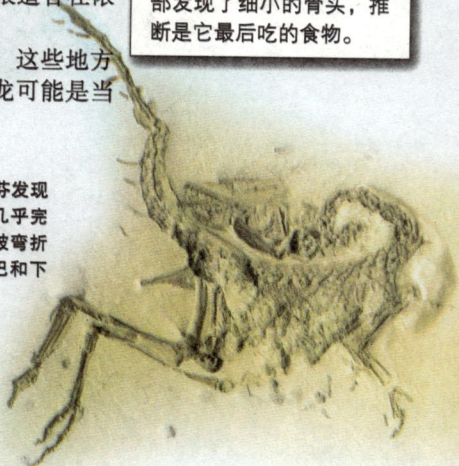

◖ 美颌龙

斑龙

斑龙又名巨齿龙、巨龙，是侏罗纪中、晚期的一种体形庞大的肉食性兽脚类恐龙，也是最早被科学地描述和命名的恐龙。"斑龙"的名字的拉丁文原意是"采石场的大蜥蜴"，它的化石在几个国家都有发现，但都不完整。

斑龙站立起来高达3米，头部很长，大约有1米左右，颈部厚实，前肢健壮短小，后肢修长有力，在四肢上都长有利爪，它经常用手掌和足上的利爪对其他的动物进行攻击，很是凶残，可以说是一种非常残暴的猎食者。从斑龙的下颌骨化石还可以知道，斑龙的旧牙脱落后还会长出新牙，因为人们在斑龙的下颌骨旧牙脱落的地方看到了有新牙要长出来的迹象。

人们曾经在英国剑桥附近的一个灰石坑里发现了许多斑龙的足迹化石，从这些足迹化石中可以看出，斑龙并不是一种行动迟缓的动物，它奔跑起来的速度最快可达到每小时30千米。这些足迹还显示，斑龙在发现猎物时，会改走为跑进行捕食。

◢斑龙

◀斑龙锋利的、略向后弯的牙齿

斑龙的大嘴长满大而尖的牙齿。

莱索托龙

　　莱索托龙生活在2.08亿~2.00亿年前的侏罗纪初期，是最早的恐龙之一。莱索托龙在1978年得以命名，它的化石发掘地在非洲的莱索托地区，在法布龙化石发掘地附近，属于法布龙类恐龙。

　　莱索托龙的形体和现代的蜥蜴很相似，头很小，脖子纤细，身躯很长，肚子很大，尾巴也很细长。小巧玲珑的莱索托龙从正面来看，它简直就是一只用后肢行走的特大号蜥蜴。另外，它的身体轻巧，前肢较短，后肢修长有力，虽然个头很小，但是因为身体具有这些特征而表现出了良好的平衡性，保证了它行动时的敏捷性，所以它奔跑起来速度很快，有"快跑能手"之称。

　　莱索托龙一般以低矮的植物为食，它的嘴呈鸟嘴状，且非常坚硬，嘴边有角质的覆盖物，这层覆盖物的作用是把植物快速地剪切下来，然后再用嘴里形状不一的牙齿对到口的食物进行处理，颌骨两边箭头一样的牙齿很适合咬住食物。

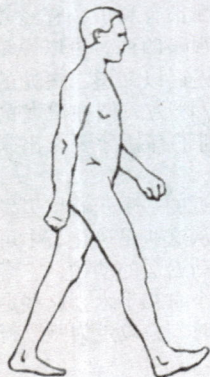

◀ 人与莱索托龙对比图

◀ 莱索托龙成群出没，用以抵抗捕食者如兽脚类合踝龙的袭击。

恐龙小档案

名称：莱索托龙
身长：1米
食性：植食性
生活时期：侏罗纪早期
发现地点：非洲

◀ 莱索托龙后腿修长而有力，具有很好的弹跳力。莱索托龙奔跑速度非常快。

弯龙

弯龙是一种植食性鸟脚类恐龙，侏罗纪末期到白垩纪早期时生活在今北美洲和英国的一些开阔林地，和禽龙是近亲。因股骨也就是大腿骨是弯曲的而得此名。

弯龙有着庞大厚实的躯体，一个小而多肉的脑袋，形似马头，长长的颅骨下是没有牙齿的喙，前短后长的四肢，还拖着一条长长的尾巴，行动迟缓。它举止优雅，一般在遇到危险的时候，因为本身没有防御的武器，通常不做反抗，只会逃跑。

弯龙最明显的特征是在它的眼眶处有一块突出的骨头，古生物学家把这块骨头称为眼睑骨，但是对于这块眼睑骨的作用，古生物学家目前也没有一个确定的说法。弯龙的颌部关节活动自如，上下颌可以前后移动，很适合啃食和咀嚼食物。它既会俯下身去吃长在低处的青草，也会直立起来去吃高处的食物。

◐ 弯龙与人对比图

恐龙小档案

名称：弯龙
身长：7米
食性：植食性
生活时期：侏罗纪末期到白垩纪早期
发现地点：北美洲、英国

弯龙是一种有喙的恐龙，它是禽龙的近亲。

弯龙平时是以四足着地，偶尔也会抬起前肢，用后肢直立起来去吃高处的植物。

异齿龙

异齿龙又叫"畸齿龙"、"奇齿龙"。学名意思为"有不同牙齿的蜥蜴",是最早出现的体形最小的鸟脚类恐龙。生活在距今2亿~1.95亿年前的侏罗纪早期,习惯在南非多沙的灌木丛中生活,主要以地表或灌木丛中的植物为食物。

异齿龙体长约1.2米,重约2.5千克,头长约10厘米,站立起来只有成人膝盖那么高。脖子和前肢生得非常短,但是前肢的肌肉非常发达,很可能是依靠两条较长的后腿行走。长着5根能弯曲的指头,所以能够把东西抓得紧紧的。奔跑时,它会猛烈地摆动尾巴,保持自己在奔跑时的身体平衡。异齿龙的前三根指头都比较长,且都长着利爪,能够用来挖一些汁液丰富的植物的根。它进食的时候通常是四肢着地,然后把食物集中在嘴的两边开始进食。异齿龙的牙齿生得与众不同,它的口中生有门牙、犬牙、臼齿三种牙,与哺乳类相似。

恐龙知识小宝库

异齿龙有三种不同类型的牙齿:分别是上颌最前端的上前齿(门牙)、上颌前部的獠牙(犬牙)和颊齿(臼齿)。这三种牙齿各有作用,帮助异齿龙更好地咀嚼食物。

🔺异齿龙与人对比图

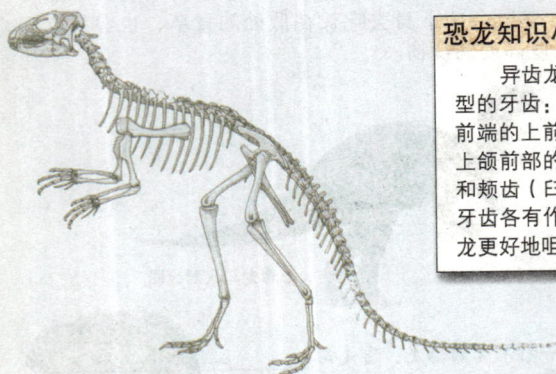

异齿龙的敌人多半是来自兽脚类的肉食性恐龙,比如斑龙、鳄龙、角鼻龙等。

异齿龙在奔跑中为了平衡身体,尾巴会甩来甩去。

异齿龙大部分的时间都会像肉食性恐龙一样,以后腿站立。

恐龙小档案

名称: 异齿龙
身长: 1.2米
食性: 植食性
生活时期: 侏罗纪早期
发现地点: 南非

橡树龙

　　橡树龙生活在侏罗纪晚期，是一种植食性恐龙，是在1894年被命名的，原意是"橡树蜥蜴"。橡树龙因其身体娇小，有可能是选择群居在一起的。

　　橡树龙的头部较小，但眼睛很大，眼睑骨托起了眼球和眼睛周围的皮肤，因此橡树龙的视力极佳，这有利于它快速地发现猎物以及前来进犯的天敌，以便能够快速地做出反应。

　　橡树龙的前肢较短，上面有5个长指，后肢修长有力，从后肢的骨骼化石来看，它和现代的鹿一样很善于奔跑。当橡树龙遭受到任何危险时，它都能以最快的速度逃离。橡树龙的嘴有些像鸟的喙，里面没有牙齿，但是有颊齿，以植物，特别是蕨类植物为主要粮食。

🔴 速度对于橡树龙来说是非常重要的。与现代瞪羚相似的薄壁空心的骨骼，使它的骨架坚固，而不会增加重量。

🔴 坚硬的长尾巴在奔跑的时候用来保持身体的平衡。

恐龙小档案

名称：橡树龙
身长：长3.5米
食性：植食性
生活时期：侏罗纪晚期
发现地点：美国中西部、英国

🔴 古生物学家根据化石推测，橡树龙与多种大型蜥脚类恐龙生活在相同的时间和地点。

法布尔龙

　　法布尔龙生活在侏罗纪早期，体长还不到1米呢，在整个恐龙世家里算是很小巧轻盈的了，同时这也在遍地都是大型动物的侏罗纪时代显得十分罕见。法布尔龙是植食性恐龙，它一般是靠后肢来行走或者奔跑的，所以后肢是很强健有力的，前肢也很强壮，上面的手指也是很灵活的。它的牙齿很坚硬，上面带有锯齿，就像是一把锯齿刀，能够把粗硬的树木撕裂开来，并且嚼碎了咽下去。

恐龙小档案

名称：法布尔龙
身长：不到1米
食性：植食性
生活时期：侏罗纪早期
发现地点：南非

鲸龙

　　鲸龙生活在距今约有1.81亿~1.69亿年前的侏罗纪中至晚期，其活动的范围是在今天的欧洲英国和非洲的摩洛哥地区，它是一种植食性蜥脚类恐龙。

　　鲸龙的体长大约有18米长，体重约有24.8吨，是一种大型的恐龙。它的头部很小，颈部却很长，几乎和身体一样长了，尾巴也较长，包括有40节的尾椎，尾椎还表现了相当明显的原始特征。它的脊椎和其他早期的蜥脚类恐龙一样，都是实心的，这是原始恐龙的特征，这也是造成它体重很重的原因。

　　鲸龙是第一种在英格兰被发现的蜥脚类恐龙，鲸龙是靠四足行走的恐龙。但是到目前为止，发现的鲸龙化石很少。

恐龙小档案

名称：鲸龙
身长：约为18米
食性：植食性
生活时期：侏罗纪中、晚期
发现地点：法国

安琪龙

安琪龙生活在侏罗纪早期，是一种原蜥脚植食性恐龙。安琪龙的化石遗骸主要是在美国东部的隶涅狄格州、马萨诸塞州以及非洲南部的一些地区被发现的。

安琪龙长着一个呈三角形的脑袋，上面长着一个细长的鼻子，长长的脖子、身体瘦长、长尾巴。与其他的原蜥脚类恐龙相比，安琪龙的身体非常小巧瘦小，大小和一只个大的狗差不多。它的后肢比前肢长，在两只前肢的第一个"指头"上长着大而弯的爪子。大而弯的爪子可能是用于勾住长满叶子的树枝往自己嘴里塞，在受到敌人的攻击时，这个大而弯的爪子也可能被用作武器去抽打和击伤敌人。

安琪龙长着细小的牙齿，这些牙齿还带有锯齿边，形状很像钻石，很适合取食树叶等植物。安琪龙正是用这样的牙齿来咬掉低矮植物上的柔软叶子。为了食取高处树枝上的叶子，安琪龙可能会靠后肢站立起来。

眼眶

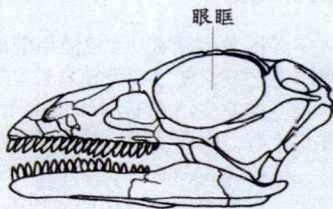
❍安琪龙头骨图

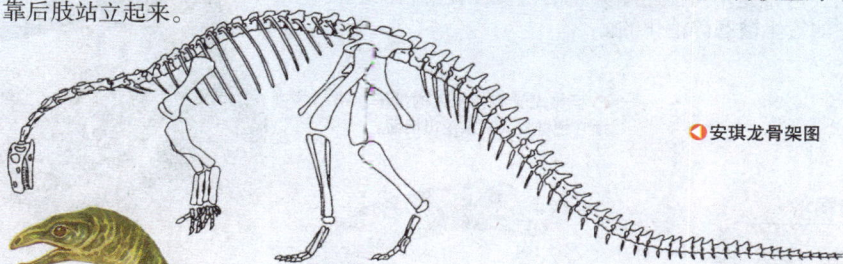
◁安琪龙骨架图

恐龙小档案
名称：安琪龙
身长：约为2米
食性：植食性
生活时期：侏罗纪早期
发现地点：美国、非洲南部

巨椎龙

　　巨椎龙生活在大约2亿年前的侏罗纪早期，是原蜥脚类恐龙的典型代表之一，属于中型植食性动物。

　　巨椎龙生活在非洲和北美洲地区，由于人类已经发现了80多具巨椎龙化石，因而使得巨椎龙成为人类研究最透彻的恐龙之一。

　　巨椎龙的身躯巨大，体长约有5米，其中尾巴几乎占据了体长的一半。巨椎龙的后肢比前肢粗大许多，也强壮一些，因此我们可以推断巨椎龙很可能是靠后肢站立起来摘取高处的枝叶为食的。与巨椎龙庞大的身躯相比，它的脑袋就显得非常小了，所以它每天都要花很多的时间进食。与其他的植食性恐龙不同的是，巨椎龙的前齿大得出奇，并且很坚硬。两侧的齿脊更像食肉动物的牙齿，而且颊齿既小又不坚硬，由此判断出，巨椎龙不可能咀嚼大量的植食性食物，而进食的食物也应该是在它的胃里被磨碎消化的。

▶ 巨椎龙长有特别大的爪子，帮助它把植物的根系挖出地面。

恐龙小档案

名称：巨椎龙
身长：5米
食性：植食性
生活时期：侏罗纪早期
发现地点：南非

◀ 巨椎龙后肢强壮，前肢细瘦，所以它站立或行走时主要依靠后肢，较长而粗壮的尾巴起平衡作用。

地震龙

地震龙生活在距今1.56亿~1.45万年前的侏罗纪晚期，属于植食性大型恐龙。地震龙体长大约在34~45米之间，它的体重人们推测应该在30吨以上。

恐龙小档案

名称：地震龙
身长：34~45米
食性：植食性
生活时期：侏罗纪晚期
发现地点：美国

地震龙长着长长的脖子，脖子很细，尾巴也很细长，身躯很庞大，与庞大的身躯相比，它的头和嘴就显得非常小了。地震龙只有嘴的前部长有牙齿，后部是没有的，所以它进食的时候是把食物整个儿吞下去，一口也不嚼。地震龙的脚的形状类似大象，前腿比后腿要短些，通常是用四只脚走路，但是速度不是很快，最快速度只能是每小时8千米，与其巨大的身躯比例来看，它走得非常慢是理所当然的。

地震龙与梁龙有某些一样的特征，主要表现在腿和腰部脊椎骨较短，这样既降低了身体的重心，又使步态保持了平稳。它的椎棘基部长有骨突，支撑着颈部和尾部。因为它的身体十分庞大，能够震动大地，故被称为地震龙，也叫"地震蜥蜴"。

地震龙的尾巴像一条鞭子一样。

恐龙知识小宝库

"地震龙"的意思是"会让大地震动的蜥蜴"。它走动时，大地会随着它们的脚步颤抖，所以命名为地震龙。

🔺地震龙与人对比图

梁龙

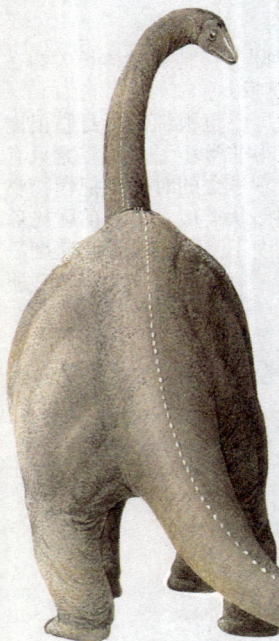

梁龙，学名又叫"双梁龙"，体长27米，生活于侏罗纪晚期，属于植食性蜥脚类恐龙。之所以叫"双梁龙"，是因为梁龙的尾部中段每节尾椎都是由两根人字骨延伸构造成的。当梁龙的尾部下压接触地面将身体撑起时，这种"双梁"构造可用来保护尾部血管。

🔴图为梁龙的头骨示意图，其嘴的前部只有很短的几颗牙齿，因而它们无法很好地咀嚼食物。

梁龙的尾巴很长，一般有70~80块尾椎。与之极不相称的是，它的脑袋很小，脸也较长，鼻孔很奇特，长在眼眶的上方，四肢像柱子一样，前肢较短，后肢较长，所以臀部高于前肩。梁龙吃东西的时候很少咀嚼，而是将松针等食物直接吞下去。

梁龙曾一度被人们认为是世界上最长的恐龙，它的身体比一个网球场还要长，但是体重只有两头成年的亚洲象那么重，这是因为梁龙有着极其特殊的骨头，不但骨头里面是空的，而且还很轻。

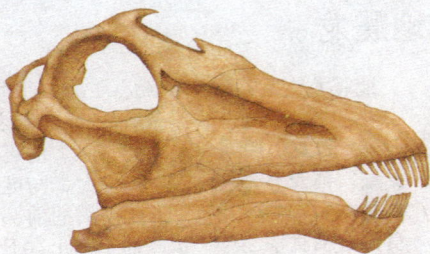

梁龙的尾巴非常结实，它是由70~80多块尾部脊椎骨组成的，而每节脊椎骨都由两根"人"字形骨头向外伸出。这种结构被称为"双梁"结构，可以保护尾巴里的血管。

梁龙的牙齿长在嘴的前端，只能帮助它们撕下树上的叶子，而慢慢"咀嚼"的过程则需要在胃里完成了。

恐龙小档案

名称： 梁龙
身长： 27米
食性： 植食性
生活时期： 侏罗纪晚期
发现地点： 美国

峨眉龙

　　峨眉龙是一种大型的蜥脚类植食性恐龙，生活于侏罗纪中期。峨眉龙的名字是依据其化石的发现地——中国四川峨眉山而命名的。

　　峨眉龙的头不但很大，而且还很高，其头骨的高度和长度的比率超过二分之一。长长的脖子是尾巴长度的1.5倍，这是因为它的颈椎很长，最长的颈椎甚至3倍于背椎。峨眉龙的四肢都比较短，因为大腿骨长于小腿骨、上臂骨长于前臂骨，所以行动起来动作不会很灵活，而且行动上也比较缓慢。

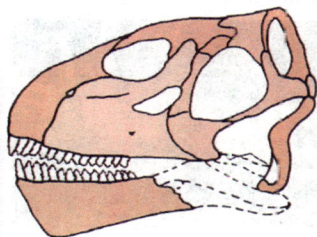

△ 峨眉龙头部骨骼图

　　峨眉龙在行走时常常让尾巴保持水平状态，并不是把尾巴拖在地上，这样是为了更好地保持身体平衡。在受到天敌的攻击时，峨眉龙就会用自己的尾巴拼命地抽打敌人，此时的尾巴就化身为武器，而不仅仅只是平衡器了。此外，峨眉龙以群居生活为主，它们常常聚集在一起觅食。

恐龙小档案

名称：峨眉龙
身长：12~14米
食性：植食性
生活时期：侏罗纪中期
发现地点：中国四川

马门溪龙

⬆ 马门溪龙化石

马门溪龙是生活在侏罗纪末期的蜥脚类恐龙，属于植食性动物，主要分布在中国。中国第一具马门溪龙化石的发现是在1952年，是中国目前发现的最大的蜥脚类恐龙之一。

马门溪龙的长度和一个网球场差不多，脖子的长度就占据了它全长的二分之一，这使得马门溪龙的身形显得非常苗条。虽然它全长能达21米，体重达到27吨，但由于脖子长，加之脊椎骨中有许多的空洞，这个体重相对于

它的身躯而言是较轻的。马门溪龙的头很小，头骨孔发达，鼻孔长在两侧，牙齿呈勺状，下颌骨瘦长。它的眼眶内有一个叫巩膜环的东西，这个东西可以调节眼睛接收到的光线。

马门溪龙还有一个最大的特征，那就是它的牙齿。和梁龙类恐龙的钉状牙齿不同，它的牙齿是勺状的，这可能是为了更适合食用当时的植物而进化的。另外，古生物学家还发现，马门溪龙的牙齿替换具有连续性，它的新牙生长和老牙的齿根吸收是同时进行的，齿根吸收越多的老牙，它的齿冠被磨蚀的痕迹就越明显。

马门溪龙的头很小，还不到60厘米长。

马门溪龙的脖子太长，弯曲起来可能不太灵活。

马门溪龙的长尾巴有助于平衡它的长脖子。

恐龙小档案

名称： 马门溪龙
身长： 21米
食性： 植食性
生活时期： 侏罗纪晚期
发现地点： 中国

腕龙

    腕龙生活于侏罗纪晚期，属于植食性蜥脚类恐龙。它的身长达到26米。高12~16米，体重在30~88吨之间，是目前挖出来的具有完整骨架恐龙中最高的，同时它是地球上出现过的最大最重的恐龙，它的最大特征就是长着巨大的前肢，这也是它被称为"腕龙"的原因。

    腕龙的头部非常小，因此不是很聪明，是一种智商不高的恐龙。它的鼻孔长在头顶上，是一个丘状突起物。它有发达的颌部，上下有52颗牙齿，牙齿平直而锋利，可轻松地夹断嫩松枝，长长的脖子还能让它吃到其他恐龙无法吃到的树叶，满足它因身体庞大而需要的惊人的食量。

    腕龙走路时四肢着地，巨大的身躯完全靠粗壮的四肢来支撑。它的前肢比后肢要长，所以在行走时肩膀是耸起的，整个身体沿着肩部向后倾斜。

🔺 腕龙

◀ 恐龙的肌肉赐予它们力量与灵活性。巨大的肌肉组织使得腕龙沉重的骨架得以保持形状，并使其能够行动。

恐龙小档案

名称：腕龙
身长：26米
食性：植食性
生活时期：侏罗纪晚期
发现地点：美国

腕龙在头顶上长有很长的鼻孔，科学家推测原因可能是为了让它们在吃水生植物的同时可以进行呼吸。

阿普吐龙

🔴 阿普吐龙化石

阿普吐龙又称雷龙，因为身体庞大，古生物学家马什认为它走路时发出的响声会像打雷一样响，所以把它命名为雷龙。它是一种四足行走的超大型植食性恐龙，属于植食性蜥脚类恐龙，生活在侏罗纪晚期。

阿普吐龙有着巨大的身躯和长长的尾巴，而尾巴由80块骨头组成，看上去就像一根纤细的长鞭，在遇到肉食动物袭击时可以用来抽打对方，以便进行自卫。它的头骨细小而且扁平，上下颌长着木栓状的牙齿，这些牙齿在两颌间像梳子般排列着，牙齿没有喙帮忙咀嚼，所以它们借用石头来帮忙磨碎食物。阿普吐龙的颈部脊椎和四肢骨骼都比较厚实，也比较重。

阿普吐龙与梁龙有着密切的亲缘关系，但比梁龙更健壮、更重，身体比其要短得多，一度是蜥脚类恐龙中生活得最为成功的一群，分布也极为广泛。

◀ 阿普吐龙骨骼

恐龙小档案

名称：阿普吐龙
身长：约为26米
食性：植食性
生活时期：侏罗纪晚期
发现地点：美国

🔻 阿普吐龙与人对比图

阿普吐龙的脖子和尾巴差不多长。

阿普吐龙的四肢非常粗壮，后肢比前肢稍长。科学家认为，阿普吐龙的后肢比前肢更有力。有时可能用后肢和尾巴作为支撑，直立起来。

🔴 头小身子大的阿普吐龙，一定要花大量的时间来吃东西，食物从长长的食管一直滑落到胃里，在胃里，食物会被它不时吞下的鹅卵石磨碎。

圆顶龙

圆顶龙还有一个名字叫卡马拉龙，生活在侏罗纪晚期的十分广阔的平原上，它是北美最著名的恐龙之一，属于一种较为进步的蜥脚类恐龙。

圆顶龙的头部又短又圆，大脑比较小，看上去似乎智商较低。与梁龙和马门溪龙相比，它的脖子要短上很多，尾巴也要短上一大截，但是体格比较壮实，它的四肢也很结实，四肢上的爪子长而尖利。它有着灵敏的嗅觉，有助于它躲避危险，这些特征让圆顶龙对自身起到了很好的保护作用。它还有一个独有的特征是，它的尾部的脊椎关节是分叉骨骼，就像人字形一样，能够保护它中枢下方的血管。

由于脖子与同类恐龙相比比较短，圆顶龙只能吃到比较低矮的植物，这也让它成为最"体贴"的恐龙——它把高处的嫩叶都"让给"其他身材高大的同类了。

🔺这是一具圆顶龙头骨

恐龙小档案

名称：圆顶龙
身长：18米
食性：植食性
生活时期：侏罗纪晚期
发现地点：北美

圆顶龙的鼻孔很大，所以，它应该有着灵敏的嗅觉。

🔺圆顶龙与人对比图

恐龙知识小宝库

恐龙的嗅觉

从恐龙的脑化石中，科学家发现恐龙的鼻孔已经得到了充分的进化，所以恐龙的嗅觉应该很灵敏。灵敏的嗅觉可以帮助恐龙寻找食物，也可以让恐龙根据同伴身上散发出的气味寻找它们。

大部分植食性恐龙都有这样敦厚的四肢。

圆顶龙粗壮的尾巴。

华阳龙

　　华阳龙长4米，高1.5米，体重1~4吨。分布于中国四川自贡，生活在侏罗纪中期，属于剑龙类，同时也是迄今为止所发现的最原始的剑龙。华阳龙的骨骼化石标本是侏罗纪中期剑龙家族中保存最完整的，它的发现为剑龙是起源于东亚的理论提供了一个有利的证据。

　　华阳龙长有一个方形的头，嘴巴和鼻子都很短小。它的上颚的前端长着一些小牙齿，很适合它咀嚼植物。华阳龙的四肢差不多一样长，用四肢行走时脑袋和尾部离地面可能很近，通常是3~5只群居在一起以抵御敌人的攻击，它们之中会有一只雄性的华阳龙担任首领，带领其余的成员觅食或防御。

　　华阳龙的肩膀、腰部以及尾巴尖上都长着长刺，当遇到攻击时它就会把这些长着长刺的部位转过来对着袭击者，同时拼命地用带着刺的尾巴抽打敌人，从而发展出了一套独特的防御武器。

恐龙小档案
名称：华阳龙
身长：4米
食性：植食性
生活时期：侏罗纪中期
发现地点：中国四川

华阳龙是一种剑龙，它们尾部长有尖刺，能帮助它们抵御敌人的进攻。

剑龙

剑龙于侏罗纪的中期出现在地球上，至侏罗纪晚期时达到繁盛，到白垩纪的早期就灭绝了，一共生存了1亿多年，是剑龙家族中最大的成员，行动十分迟缓，属于典型的植食性恐龙。第一具剑龙化石标本是在1877年发现的，正好是处在"化石战争"时期。

剑龙靠四肢行走，前肢短，后肢长，整个身体看起来就像一座拱起来的小山。与其身体相比，它的头部小得出奇，因此人们判断它的智商不会很高，是一种不太聪明的恐龙。头部距离地面很近，所以它能够觅食较低的植物。

除了脑袋极小这个特征外，剑龙另一个奇异之处就是它的骨板。这些骨板是由骨头构成的，一共有两排，与骨钉组成其自卫的武器。但是也有不少人认为，这些骨板是用来调节体温的。剑龙还有一个非常特殊的防御工具，那就是从它的下颌骨一只延伸到颈椎下方的一排比较细的骨板，它们密集地排列在一起，与脖子上的骨板结合起来就能完美地保护着剑龙的脖子和头部。

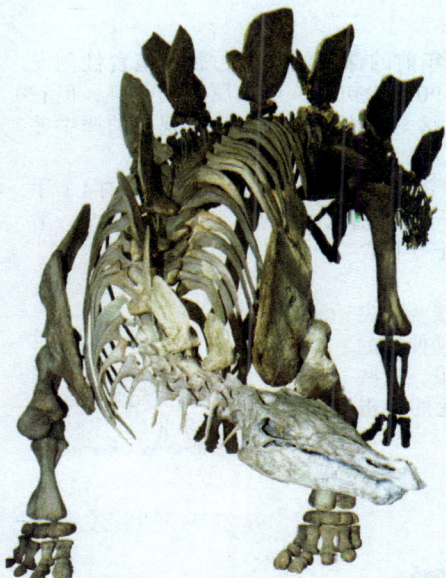

🔺 在剑龙狭长头颅的吻突后拥有无齿喙。

恐龙小档案
名称：剑龙
身长：9米
食性：植食性
生活时期：侏罗纪中、晚期
发现地点：美国

宽厚的后足上有三个短脚趾。

钉状龙

钉状龙又叫肯氏龙，生活在距今有1.37亿年前的侏罗纪晚期，属于植食性剑龙类的一种恐龙。它的化石最早被发现于20世纪90年代初期。虽然属于剑龙科，但它形体上与剑龙存在着不少差异，相比之下，钉状龙要小许多，大小和现在的犀牛差不多。

钉状龙的头很小，四只粗壮的小腿要载着沉重的身躯行走，前肢上长有4个手指，后肢上长有3个脚趾，上面长有蹄状的爪子，和现代大象的脚很像。钉状龙一般比较喜欢啃食地面上低矮的灌木植物，因为善于寻找食物，所以即使在干旱的季节里也能找到食物。

钉状龙背上的骨板狭窄尖长，从腰部到尾端变为尖细的骨刺，而且在肩膀的两侧还长有一对横向延伸出的肩膀棘，它侧面站立时，身上的骨板显得很显眼，这些骨刺是钉状龙的防身武器，在遇到肉食性恐龙的袭击时，它还会挥动着尾巴上的刺棒进行回击。

恐龙小档案

名称：钉状龙
身长：5米
食性：植食性
生活时期：侏罗纪晚期
发现地点：东非

沱江龙

沱江龙属于剑龙类恐龙，生活在侏罗纪晚期，它与同时代生活在北美洲的江龙有着极密切的亲缘关系，是早期的剑龙之一，同时也是中国最负盛名的恐龙之一。其化石在1974年被发现于中国四川自贡市五家坝，是亚洲有史以来第一具完整的剑龙类骨架化石。

⬆沱江龙化石

◀沱江龙

沱江龙与其他剑龙类恐龙一样，小小的脑袋，纤细的牙齿，长着细长骨刺的尾巴。不同于其他剑龙的是，沱江龙从颈部、脊背到尾部长着至少5对骨板，而且原本在颈部是圆形的骨板到了背部以后就变成了三角形状了，这比剑龙的骨板要尖利许多，能够在遇到敌人的时候很好地保护自己。

⬆沱江龙尾巴

沱江龙属于植食性恐龙，一般性情比较温和。它可能是在茂密的森林中生活的，在森林中既方便它觅食，又利于它藏匿自己。它的牙齿十分纤弱，不能很好地咀嚼食物，所以常常会咽下一些小石块做胃石来帮助消化。

恐龙小档案

名称：沱江龙
身长：7米
食性：植食性
生活时期：侏罗纪晚期
发现地点：中国四川

在短而强健的尾巴末端，有两对向上扬起的利刺，可以帮助它击退敌人。

⬆沱江龙

棱背龙

　　棱背龙生活在侏罗纪早期，又被叫做肢龙、腿龙和踝龙，是一种极其原始的鸟臀目植食性恐龙，广泛分布在美国的亚利桑那州、英国的多塞特和中国的西藏。一直以来，古生物学家都认为棱背龙是后来各种甲龙的祖先，但它们的护甲比棱背龙的要更加坚硬，也更加难以攻克。

　　棱背龙的大小和一只成年的犀牛差不多，头很小，颈部长，后背上覆盖了一层坚硬的鳞甲和两排整齐、小巧的骨板，上面长满了尖刺，就像是给自己套上一件甲板做的"外套"，让其他肉食性恐龙咬不下去，这就很好地保护了自己。当它们遇到肉食性恐龙的袭击而又实在无法逃脱的时候，它们就会把身上有骨板的部位尽量对准敌人，这样肉食性恐龙即使咬穿了棱背龙的外皮，也因为牙齿碰到了硬块而咬不下去了。

> **恐龙小档案**
>
> **名称：** 棱背龙
> **身长：** 3~4米
> **食性：** 植食性
> **生活时期：** 侏罗纪早期
> **发现地点：** 中国、美国、英国

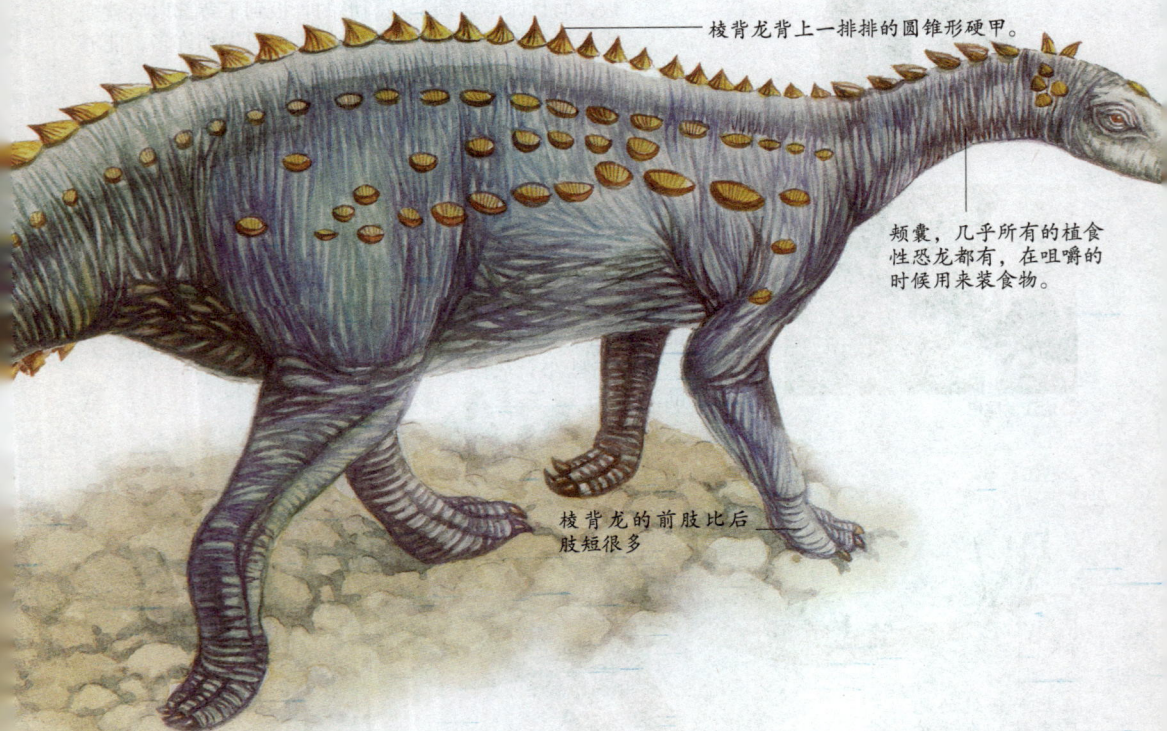

棱背龙背上一排排的圆锥形硬甲。

颊囊，几乎所有的植食性恐龙都有，在咀嚼的时候用来装食物。

棱背龙的前肢比后肢短很多

嘴口龙

　　在侏罗纪晚期广大的海洋地区，生活着一群会飞的，并且只能靠嘴喙来捕食鱼类的恐龙，我们把它叫做嘴口龙。它飞起来的时候，展开的双翼幅度大约有1.75米，据此我们可以推测，它的身形在众多恐龙中只能是属于中等。因为嘴口龙是靠捕食鱼类为生，所以它也属于肉食性恐龙。

恐龙小档案
名称：嘴口龙
身长：不详
食性：肉食性
生活时期：侏罗纪晚期
发现地点：不详

天山龙

　　天山龙生活于侏罗纪晚期的中国，被称为"天山的蜥蜴"，属植食性蜥脚类恐龙。
　　天山龙的头骨中等大小，四肢比较粗壮但前肢较短，肩胛骨很长，大约有17节颈椎，身体全长10多米。
　　天山龙性情温和，行动缓慢，只能靠甩动尾巴来防身，所以它是一种反抗能力较弱的动物，经常老老实实地待在森林中。

恐龙小档案
名称：天山龙
身长：10多米
食性：植食性
生活时期：侏罗纪晚期
发现地点：中国天山

恐龙知识小宝库

　　恐龙的尾巴有着很大的作用，特别是在攻击敌人的时候，尾巴绝对是一个很好的武器。如包头龙的尾巴末端有一团骨头，像个球棒；剑龙的尾巴末梢有长达1米的钉状尾刺；梁龙的尾巴可以当作鞭子。

气龙

气龙体长约3.5米，体重150千克，体形算是中等，属于肉食性兽脚亚目恐龙的一种。生活在侏罗纪中期，是生活在这个时期的蜀龙动物群中的一种活跃敏捷的掠食者。因其化石是被一支开采天然气的工程队在四川盆地进行考察时发现的，所以就把它命名为气龙。

从被发掘的气龙化石来看，它有一个大脑袋，牙齿很尖锐，并呈锯齿状，这样的结构让气龙能够很轻易地撕裂生肉而以便进食，还有一条长长的尾巴。气龙是用两足来行走的，带有强劲爪子的前肢一般是用来抓持小型猎物或者大型动物的外皮。因此我们可以推断出，气龙的身体很灵活，行动敏捷，奔跑起来的速度也应该很快。

▶ 气龙脚上长有锋利的爪子，能轻易地抓伤猎物。

气龙的前肢短小而灵活

后肢强壮有力

恐龙小档案

名称：气龙
身长：3.5米
食性：肉食性
生活时期：侏罗纪中期
发现地点：中国四川

蜀龙

蜀龙生活在侏罗纪中期的中国四川盆地，在那个时候这个地方还是广阔无垠的"古巴蜀湖"湖滨地带，它以这里丰富的低矮树上的嫩叶为食，勺形牙齿很适合吃这类柔软的食物，属于植食性蜥脚类恐龙。

蜀龙在个头、高矮和长短上都较为适中，与其他大个子的蜥脚类恐龙相比，略显得小巧，行动上也很缓慢、笨拙。和其他的恐龙一样，蜀龙自身也具备一定的防御功能，而这个防御武器就是它的特殊的尾巴。它的尾巴末端长有骨质尾锤，是由几节膨大并愈合的尾椎骨组成，呈椭圆状，被外面的皮肉包裹着，看起来就和一个橄榄球大小差不多，这样的"流星锤"要是在自卫的时候挥舞，很有可能让一些肉食性动物闻风而逃。

恐龙小档案

名称：蜀龙
身长：11米
食性：植食性
生活时期：侏罗纪中期
发现地点：中国四川

🔻 蜀龙能用尾部抵御任何试图攻击它的兽脚类捕食者。

川街龙

　　川街龙生活在侏罗纪中期，属于植食性蜥脚类恐龙。其化石是在中国云南发现的，与它的化石一起被发现的还有其他7具恐龙化石，这说明发现它们化石所在的这个地方是世界上恐龙化石最集中、最丰富、研究价值最高的地方之一。

　　从发现的川街龙股骨化石与肱骨化石来看，它的体形是比较大的，古生物学家推测其身长应该在24米以上，是中国迄今发现的较大的恐龙之一。因为体形较大，川街龙的行动很缓慢笨拙，

◐ 庞大的川街龙骨架

恐龙小档案

名称：川街龙
身长：24米
食性：植食性
生活时期：侏罗纪中期
发现地点：中国云南

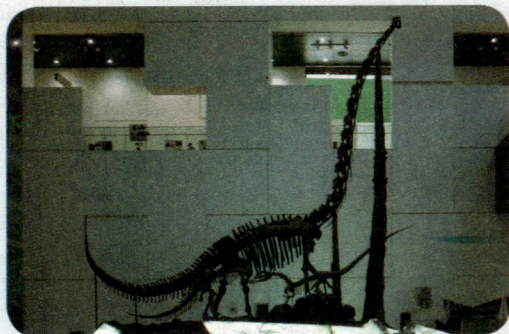

所以一旦川街龙单独出现，就很容易成为肉食性恐龙的猎物，但如果是成群结队出现的话，它们简直能称得上是没有对手的。

盐都龙

　　盐都龙有两种，分别是多齿盐都龙和鸿鹤盐都龙，它们的特征基本都是相同的，只是身形上不太一样，鸿鹤盐都龙要比多齿盐都龙大了将近一倍。它们生活在侏罗纪中期，是一类比较原始的小型的鸟脚类恐龙。之所以被叫做盐都龙，是因为它的化石标本是在"中国千年盐都"——四川省自贡市发现的。

　　盐都龙的体形较小，用两足行走，脑袋小，且短而高，但是眼睛很大，说明它的视力很好，这有利于它能够很快地发现天敌。从盐都龙的化石标本研究发现，它是一类很善于奔跑的恐龙，好比是恐龙界的"羚羊"。每当受到一些大型肉食性恐龙追击时，盐都龙都会充分发挥它善于奔跑的本领，快速地奔跑，把那些大而笨拙的天敌远远地甩开。

　　它们一般群居在湖岸平原，以植物或一些小的动物为食。

🔺 盐都龙与人对比图

🔺 盐都龙骨骼图

恐龙小档案
名称：盐都龙
身长：1~3米
食性：杂食
生活时期：侏罗纪早期
发现地点：中国四川

铸镰龙

铸镰龙生活在侏罗纪晚期，是人类发现的第一只植食性兽脚类恐龙，它的化石是由一个猎人在美国犹他州东部的希达山上发现的。从化石研究来看，铸镰龙还应该是肉食性恐龙——懒爪龙的祖先，这就说明了肉食性恐龙是由植食性恐龙慢慢进化来的。

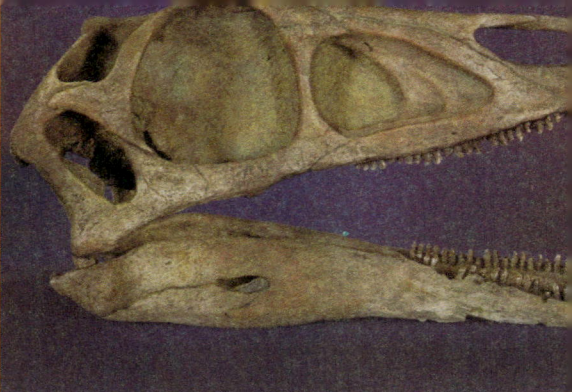

🔺铸镰龙头骨化石

铸镰龙的体长只有4米，与其他的植食性恐龙相比，算是很小巧了。研究发现，它的牙齿能够撕碎松针，而且它的股骨要比胫骨长，说明了铸镰龙也很善于奔跑，速度也较快，适合它捕捉猎物。

恐龙小档案

名称：铸镰龙
身长：4米
食性：植食性
生活时期：侏罗纪晚期
发现地点：美国

单脊龙

单脊龙生活在侏罗纪晚期，属于肉食性恐龙。一般叫做江氏单脊龙。它的化石是在中国新疆准噶尔盆地将军庙附近的地区发现的，所以也叫做将军庙单脊龙。之所以称为"单脊"，是因为它的头顶上有一道骨脊，很像一个奇特的头饰，很容易把它与其他的肉食类恐龙区别开来。

⬢ 单脊龙头部化石

⬢ 单脊龙与人对比图

单脊龙的体长6米，高2米，属于个头中等的兽脚类恐龙。因为它的头顶上有一个由鼻骨和泪骨在头骨中线处形成的脊突的特殊"头饰"，所以使得它的头比较大，大约有67厘米长。古生物学家研究发现，在发现单脊龙化石的几个地方都曾经有水，推测单脊龙很喜欢泡在水里。

恐龙小档案

名称：单脊龙
身长：6米
食性：肉食性
生活时期：侏罗纪晚期
发现地点：中国

迷惑龙

　　迷惑龙曾经有很长一段时间被叫做雷龙，属于植食性蜥脚类恐龙，生活在侏罗纪晚期，是所有恐龙中最受欢迎的一种，是最公众的恐龙偶像。

　　迷惑龙的头骨狭长，与梁龙的头骨很是相似，牙齿扁平，呈勺形，和梁龙一样，它们进食以后也要吞一些石头来帮助消化、吸收。它的颈部要比梁龙的短些，但腿骨比梁龙的要粗壮、结实一些，体长在21~27米之间，体重也在24~32吨之间，被认为是比梁龙更粗壮的恐龙，也是陆地生存的最大动物之一。

恐龙知识小宝库

胃里的石头

　　有时在恐龙骨架的腹腔内会找到磨光的石块，这就是古生物学家常说的胃石。胃石的确是被恐龙吞进去的。腕龙每天大约会吞下1.5吨的食物，但它的牙齿的结构显然不能把那些坚硬的植物咀嚼成碎末，这就要靠强有力的胃来磨碎食物。所以它是有意吞下石头，以便帮助胃磨碎坚硬的叶、茎和松果球。

恐龙小档案

名称：迷惑龙
身长：21~27米
食性：植食性
生活时期：侏罗纪晚期
发现地点：美国

🔺胃石

🔺庞大的蜥脚类恐龙比今天陆地上最大的动物——大象还要大许多倍。

欧罗巴龙

　　欧罗巴龙，生活在侏罗纪晚期，属于植食性兽脚类恐龙。成年的欧罗巴龙体长只有6.2米，与著名的蜥脚类巨兽——身形长达27米的梁龙相比，它无疑是蜥脚类恐龙群里的侏儒，甚至可以把它称为"迷你恐龙"。欧罗巴龙的发现打破了人们对蜥脚类恐龙都是大型类恐龙的传统认识。

　　欧罗巴龙生活的地点是在1.5亿年前的一片巨大海泛区，这里有无数的被分离的陆地、岛屿，这也让生活在这些陆地、岛屿上的动物被分离开来，过着老死不相往来的隔离生活，因为无法交流，隔离的小岛上没有足够的食物提供给身形巨大的动物，久而久之就导致了生存在这里的欧罗巴龙身形的"侏儒"化，以便与生存的环境相适应，从而顽强地生存下来。

恐龙小档案

名称：欧罗巴龙
身长：6.2米
食性：植食性
生活时期：侏罗纪晚期
发现地点：德国

优椎龙

优椎龙又被叫做扭椎龙，生活在距今约有1.65亿年前的侏罗纪晚期，是一种大型的肉食性恐龙，其化石是于19世纪50年代在英国牛津郡乌尔沃哥特附近被发现的，是一具保存相当完整的未成年优椎龙骨骼化石。一开始人们把它误认为是"斑龙"，直到1964年才被英国化石专家指出，这具恐龙化石不是斑龙，而是一种新型的恐龙，于是命名为优椎龙。它一直是欧洲最著名的大型肉食性恐龙。

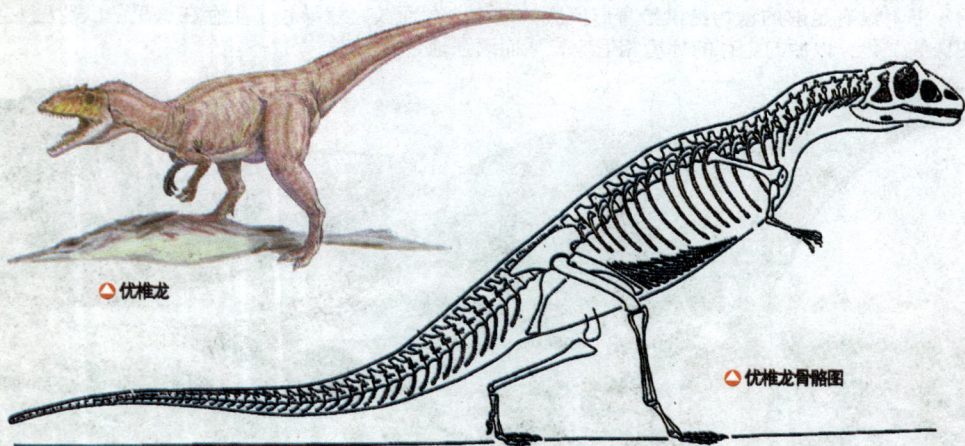

⬢ 优椎龙

⬢ 优椎龙骨骼图

目前，人们对于优椎龙的认识和了解，仅仅限于在英国挖掘出的这一具化石上，从化石的骨架标本研究来看，它的身体比早期的鸟臀目恐龙要长得多，而身体结构和斑龙的很相似，所以才会在一开始被人们认错。巨大的嘴里长满了锯齿状的牙齿，能够很容易就把猎物撕碎。前肢长有三趾，长而粗的后肢不但能够支撑起身体的重量，还能够敏捷地追赶猎物，剑龙类恐龙和蜥脚类恐龙很可能成为它们猎杀的对象，它还可能是一种食腐动物。

恐龙小档案
名称：优椎龙
身长：7米
食性：肉食性
生活时期：侏罗纪晚期
发现地点：英国

始祖鸟

始祖鸟生活在距今约1.45亿年前的侏罗纪晚期，外形与鸟类十分相似，而且身上也带有鸟类的一些特征，所以被认为是鸟类的祖先。但是在它的身上同时带有显著的兽脚类肉食性恐龙的特征，因此始祖鸟被认为是鸟类与恐龙之间的连接，更有可能是第一个由陆地生物转变为鸟类的生物。

◀ 翅膀中间的3个指爪，可以在空中任意操纵羽毛；尾巴在空中可以掌握平衡。

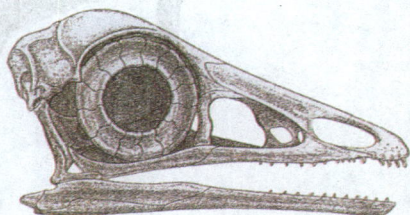

▶ 始祖鸟头骨化石

始祖鸟长有鸟类特有的羽毛、翅膀和叉骨，同时也长有只有恐龙有的齿间板、坐骨突、头顶上眶前孔内长有小骨头以及人字形的长尾巴等特征。

始祖鸟是肉食性动物，食物以昆虫和鱼为主。

▶ 这是一只麝雉。和始祖鸟、孔子鸟一样，它的翅膀上长有爪子。它是唯一在翅膀上长有爪子的现生鸟类。

恐龙小档案

名称：始祖鸟
身长：0.5米
食性：肉食性
生活时期：侏罗纪晚期
发现地点：德国

轻巧龙

　　轻巧龙生活在侏罗纪晚期的东非坦桑尼亚沿海的平原树林里，属于肉食性恐龙。从它的化石研究可以得出，它的身长约6.2米，臀部高1.46米，重约210千克。个头比较小，但是身子长得又长又瘦，这样的体形让轻巧龙能够快速地奔跑，其奔跑的速度相当于是恐龙中的"猎豹"了，只是与用四肢奔跑的猎豹不同，轻巧龙是靠两条后腿奔跑的。

🔴 轻巧龙骨架

恐龙小档案

名称：轻巧龙
身长：约6.2米
食性：肉食性
生活时期：侏罗纪晚期
发现地点：东非

🔺 集体猎食的轻巧龙

塔邹达龙

　　塔邹达龙属于蜥脚类植食性恐龙中的一种，生活在距今1.8亿年前的侏罗纪早期，它的化石是于2004年在摩洛哥被发现的，是非常古老的蜥脚类恐龙化石。

　　从发现的塔邹达龙的头骨、颌骨和一些脊椎化石推测来看，它的体长在9米左右，拥有类似原蜥蜴的下颌，带有匙状牙齿的小齿，形状有些像犀牛，还有着长长的脖子和尾巴，颈部应该很灵活。

　　塔邹达龙的化石是目前发现的最完整的早侏罗纪蜥脚类化石。

恐龙小档案

名称：塔邹达龙
身长：9米
食性：植食性
生活时期：侏罗纪早期
发现地点：摩洛哥

五彩冠龙

　　五彩冠龙的化石是在中国准噶尔盆地的五彩湾被发现的，生活在侏罗纪晚期，它比之前发现的帝龙要早生活3000万年。

　　五彩冠龙的体长约为3米。大大的脑袋，长长的脖子，在它的头部还长有一个引人注目的红色冠状物，看上去很像公鸡的头冠。前肢比后肢要长，全身上下都覆盖着羽毛，前肢张开的样子，就像一对翅膀似的，这让五彩冠龙看上去既像恐龙，又和鸟类很像。这些有趣的特征使它为人类研究虚骨龙带来了不少的帮助。

　　五彩冠龙的头上的骨质冠很奇特，和现代的鸟类的头部很像，科学家猜测，骨质冠很可能只是为了用来吸引异性的，除此之外，其他的作用不大。不过，这个特征是证明了鸟类与兽脚类恐龙应该是起源于同一个祖先的证据之一。

恐龙小档案

名称：五彩冠龙
身长：约为3米
食性：肉食性
生活时期：侏罗纪晚期
发现地点：中国准噶尔

灵龙

灵龙，是一种小型的植食性恐龙，其化石是于1951年在中国的四川发现的，生活在距今1.68亿~1.61亿年前的侏罗纪中期，其生活地点在今天的东亚，属于鸟臀目类恐龙。

灵龙很小巧，体长约有1.2米长，嘴部的上下颌前端形成了喙嘴，这个特征和其他的鸟臀目类恐龙一样，可以帮助灵龙在进食的时候切碎食物，有力它更好地进食。从发现的这具比较完整的骨骼化石来看，灵龙的胫骨比股骨要长，这就说明了它很善于奔跑，而且也能看出，灵龙奔跑的时候只是用后肢来进行的，在奔跑中和大多数的恐龙一样是用尾巴来做平衡的。但是在平时的时候，灵龙应该是以四足行走的，特别是在觅食的时候。

灵龙的骨骼和长长的四肢很是轻盈，这也是把它命名为灵龙的主要原因。

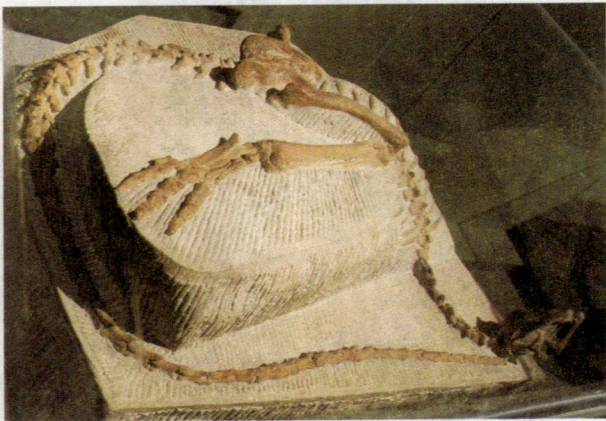
◀ 灵龙化石

恐龙小档案

名称：灵龙
身长：约为1.2米
食性：植食性
生活时期：侏罗纪晚期
发现地点：中国四川

灵龙的眼睛很大 ————

灵龙的颈比较短 ————

▲ 灵龙体态纤细灵巧，利于两足快速奔跑。

叉龙

　　叉龙生活在距今1.50亿年前的侏罗纪晚期，其活动的区域大致是在今天的非洲地区，属于一种小型的梁龙超科恐龙，首个化石是习古生物学家沃纳·詹尼斯在坦桑尼亚的敦煌达古鲁组发现的，时间是在1914年。

　　叉龙的体长大约有12米，头部比较大，但是颈部较短，也较宽，而且也没有像梁龙那样的鞭状的长尾巴，这些特征和其他的蜥脚类恐龙存在着很大的差别。它的颈椎背侧的神经棘是呈Y型的，很像一把叉子，这也是它名字命名的缘由。因为脊椎的神经棘是肌肉附着的支撑点，又有韧带来连接这些脊椎骨，所以就在叉龙的背部有一个很明显的隆脊。

◎叉龙化石

◁叉龙

恐龙小档案

名称： 叉龙
身长： 约12米
食性： 植食性
生活时期： 侏罗纪晚期
发现地点： 坦桑尼亚

小盾龙

小盾龙生活在侏罗纪的早期，距今2亿~1.95亿年前，活动范围是今天的北美洲，不但被列入装甲亚目，而且还是这个归属亚目中早期的物种之一，属于植食性恐龙。

小盾龙的体长约有1.2米，臀部的高度大约有0.5米，体重为10千克，是一种比较小型的恐龙。它的脑袋很小，身体很长，前肢比较短小，后肢要比前肢长很多，但是四肢都是比较纤细的，臀部比较宽，长尾巴。小盾龙嘴里只有下颌，上面长着简单的颊齿，可以用来切断或是咬断植物。小盾龙的身上还覆盖着大约300个鳞甲，从颈部覆盖到尾巴，身体的两侧也有，其中覆盖在背上的两排鳞甲是最大的，可以起到很好的保护作用。

通过研究发现，小盾龙的近亲是腿龙，它们身上有着很多相似的特征，但是也有不同，比如腿龙是靠四肢来行走的，但是小盾龙是用两足来行走或者奔跑的。

◁ 小盾龙的尾巴很长，关键时刻可以作为武器

恐龙小档案

名称：小盾龙
身长：约为1.2米
食性：植食性
生活时期：侏罗纪晚期
发现地点：美国

小盾龙的背部、身体两侧和尾巴上有300多根骨刺。

中华鸟龙

中华鸟龙生活在距今1.24亿~1.22亿年前的白垩纪早期，其化石是于1996年在中国辽宁省发现的。发掘出来的化石保存得很好，上面还覆盖着简单的羽毛，这是迄今为止所发现的年代最早也是最原始的带有化石羽毛痕迹的恐龙。经研究确认，中华鸟龙属于肉食性兽脚类恐龙。

中华鸟龙的体长大约是1米，算是小体型的恐龙了。它身体各部位的比例有很多和其他的恐龙是不一样的，比如，它的颅骨比股骨要长，前肢十分短小，差不多只有后肢的30%，指爪很大，指爪和第二指加起来的长度要比桡骨还要长。它还有一条极长的尾巴，这条尾巴可以称得上是兽脚类恐龙中比例最长的尾巴了。

中华鸟龙的近亲很可能是美颌龙，与之相比，中华鸟龙的四肢比例较小，但是它的身上覆盖有羽毛，这些羽毛分布于头的后方、手臂、颈部、背部和尾巴的上下侧等地方，这又是与美颌龙相区别的。

⬤ 这是一块中华鸟龙的化石，可以清楚地看到覆盖全身的羽毛的外层轮廓。

双脊龙

双脊龙又名双冠龙，这个名字主要是缘由它的头顶长有两片大大的头骨，很像顶着两个头冠一样。它生活在侏罗纪早期，属于兽脚类肉食性恐龙。因为性情凶猛，而且善于捕食鸟脚类恐龙与蜥脚类恐龙，所以被称为"侏罗纪早期恶魔"。

双脊龙的身长可达6米，站立时头部离地约2.4米，与后来出现的许多肉食性恐龙相比，它的体形要显得"苗条"很多，可以称得上是一种体形修长的较大型恐龙，所以可以推测，双脊龙的行动要比那些后期的肉食性恐龙轻巧敏捷许多。双脊龙的前肢短小，有发达的后肢，非常善于奔跑，而且后肢掌上还长有利爪。它很懂得利用自己的身体优势，飞速地追捕猎物。不仅是小动物，连大型的动物也很难在它的尖牙下逃脱。它捕食猎物一般都是先用牙齿撕咬猎物，同时挥舞着四肢上的利爪把猎物抓紧，最后顺利解决掉猎物。

🔺 双脊龙头部特写

◀ 双脊龙

恐龙小档案

名称：双脊龙
身长：6米
食性：肉食性
生活时期：侏罗纪早期
发现地点：美国、中国

永川龙

永川龙因其标本首先在中国重庆市永川县被发现而得名。它生活在侏罗纪晚期，是一种大型的兽脚类肉食性恐龙。

永川龙作为一种大型的肉食性动物，它体长11米，有一个大约1米长的、形状呈三角形的大脑袋，在脑袋的两侧有6对颞孔，其中有一对是眼孔，这说明永川龙的视力应该是很好的。其余的孔是附在头部的强大肌肉群，是用来帮助撕咬或者是咀嚼食物的。它抬起头来的时候高度可达5米左右，前肢很灵活，指上长着又弯又尖的利爪，后肢又长又粗壮，不仅能迈开大步追捕猎物，而且还有以较快速度奔跑的能力。长长的尾巴在奔跑的时候可当平衡器来用。

永川龙的性格与现代的虎豹一样，很是冷僻，而且喜欢独来独往，是一种很凶悍的肉食性恐龙，通常猎捕那些性情温和的植食性恐龙作为自己的食物，所以让很多动物对它都保持着高度的警惕性。

永川龙

恐龙小档案
名称：永川龙
身长：长11米
食性：肉食性
生活时期：侏罗纪晚期
发现地点：中国重庆

鳃龙

　　鳃龙是一种蜥脚类恐龙，生活在侏罗纪中期，其活动的区域应该是在北美洲和非洲。鳃龙的躯体庞大，全身长约26米，体重可达到75吨，看起来显得很是笨拙。

　　鳃龙的身体因为长得很庞大，再加上一条又重又长的大尾巴，这使得它在陆地上行走的时候很不方便，动作的缓慢让它的行进速度也变得非常慢，每个小时只能走5千米左右，这样的表现让人觉得它真的很笨。可是一旦到了水里，情况就完全变了，鳃龙的速度在水里可达到每小时32千米，那条又重又大的尾巴变得相当的灵活，就像是强有力的划桨一般，帮助鳃龙快速地划行。虽然鳃龙在水里的速度比在陆地上的速度快了许多，但是鳃龙根本不会游泳。它只是把身子藏到水里，鼻子留下在外面呼吸。

　　鳃龙属于植食类恐龙，是以吃水里或湖里的植物为生的。

> **恐龙小档案**
> 名称：鳃龙
> 身长：26米
> 食性：植食性
> 生活时期：侏罗纪中期
> 发现地点：北美洲、非洲

浅隐龙

　　浅隐龙生活在侏罗纪晚期，其化石被发现于中国新疆的准噶尔地区，在这个地区被发现的还有冠龙，它们都是在同一个地层发现的。隐龙属于植食性角龙类恐龙，它比之前被发现的已知的最古老的角龙类恐龙要早2000万年。

　　被发现的浅隐龙化石标本非常完整，其头盖骨背面比较特殊，上下颌骨的表面比较粗糙，前肢相对较短，靠双足行走，这与小型的鸟脚类恐龙相同，证明了角龙类恐龙是由小型双足行走的恐龙进化而来的。

　　古生物学家研究发现，隐龙的身上具有肿头龙类和角龙类两种恐龙的特征，而进一步的研究发现，它还具有异齿龙类的某些特征，这对研究肿头龙类和角龙类恐龙的进化有着重要的意义。

> **恐龙小档案**
> 名称：浅隐龙
> 身长：不详
> 食性：植食性
> 生活时期：侏罗纪晚期
> 发现地点：中国新疆

蛮龙

　　蛮龙生活在距今1.44亿年前的侏罗纪晚期，与在这个时代的异特龙生活在同一区域，但是它的外表和暴龙更像，身形也要比著名的异特龙健壮许多，有着结实的骨骼，属于兽脚类肉食性恐龙。

　　蛮龙的身长10~12米，臀高2.5米，体重大约有3吨，还有一条长长的尾巴，是一种身形巨大的捕食者。与其他的大型掠食恐龙一样，蛮龙也长着尖锐的、极具破坏力的牙齿，而且还有长着弯曲大爪子的前肢，经常成群地捕食大型的植食性恐龙，很是凶残，这使得蛮龙被称为生存在侏罗纪时期最大的食肉恐龙。

恐龙小档案

名称：蛮龙
身长：10~12米
食性：肉食性
生活时期：侏罗纪晚期
发现地点：美国

第四章
追寻白垩纪

　　白垩纪是中生代的最后一个纪，大约从1.42亿年前到6550年前。在这个时期，许多侏罗纪时期的恐龙都灭绝了，新的恐龙种群开始进化，并在数量和种类上都达到繁盛。一起来认识它们吧！

白垩纪——恐龙极盛时代

白垩纪位于侏罗纪和古近纪之间，约1.42亿年前至6550万年前，白垩纪是中生代的最后一个纪，长达7000万年，发生在白垩纪末的灭绝事件，是中生代与新生代的分界。

变化的气候

白垩纪时期的气候温暖，干湿季交替。热带海洋向北延伸，直到今天的伦敦和纽约，而温度从来不会降到零度以下。然而，就在白垩纪末期，气候发生了剧烈的转变。海平面下降，气温变化，火山喷发。

最早的花

侏罗纪和白垩纪之间最大的变化是出现了有花植物。到了白垩纪中期，它们已经遍布了整个世界，也演化出许多不同的种类。蜜蜂、蝴蝶等以有花植物为食的昆虫也首次在地球上出现。

迥异的恐龙

白垩纪晚期，地球上的恐龙种类比其他任何时代都要多。蜥脚类仍是最常见的植食性恐龙之一，而鸟脚类分化出许多不同种类。兽脚类更是多种多样。

▲ 这是白垩纪晚期常见的一幕，其中有胁空鸟龙（一种原始鸟类）和犸君颅龙（一种大型阿贝力龙）。

暴龙

霸王龙的眼球非常大，有成人一个拳头那么大。

暴龙又称霸王龙，是最著名的恐龙之一，是一类大型肉食性恐龙，从白垩纪末期一直生存到6550万年前。

暴龙仅依靠两条腿走路，它拥有细小的上肢，只有1米长，而它的整体体长可达12米。它的上肢可能主要用于帮助身体站立起来。它强大的尾巴可用以平衡身体和头部的重量。它是一种肌肉发达的动物，血盆大口里布满锋利的牙齿，上下颌也非常宽大，使它成为可怕的肉食性动物。

暴龙的头骨如此强韧是因为它所采用的捕猎方式。暴龙的头骨在主要的受力点有强有力的骨节加固，因此有些科学家认为暴龙可以张大嘴巴追捕猎物，以便给猎物沉重一击。另外它强韧的头骨也可以防止它受伤。

霸王龙的牙齿锋利，边缘为锯齿状，咬猎物时能扎进猎物的肉里。

恐龙小档案

名称：暴龙
身长：12米
食性：肉食性
生活时期：白垩纪晚期
发现地点：美国、加拿大

❤暴龙可能生活在森林中，并成群捕猎。

❤暴龙要高于年轻的副栉龙。很多科学家认为暴龙捕猎时一般采取伏击策略，而非远距离追赶。

棘背龙

　　棘背龙生活在白垩纪晚期，其活动区域应该是现在的非洲境内，距今为9500万~9300万年前，是非洲特有的肉食性兽脚类恐龙。棘背龙的外貌十分怪异，它体长12~15米，臀高约有3米，重量有4吨，几乎和暴龙一样巨大，但名气没有暴龙大。目前挖掘到的棘背龙化石很少，到现在也没有挖掘到一具完整的化石。

　　棘背龙的背上长有许多突起的骨头，上面覆盖着很厚的表皮，看起来就像是小船上扬着的帆一样，但是这张帆是不能被折叠或者收拢的。这是棘背龙区别于其他恐龙最大的特征，据科学家分析，它背上的这个帆状物可能具有调节体温的作用。

　　棘背龙长有一个大大的头，说明它的智商应该比较高。它能够用四条腿走路，但是奔跑起来的时候只用两条腿跑，长着一口锋利的牙齿，是和暴龙一样可怕的肉食性动物。

◀ 和其他大型肉食性恐龙不同，棘背龙的前肢也非常健壮，尖利的前爪可以轻易撕开猎物的皮肉。

恐龙小档案

名称：棘背龙
身长：12~15米
食性：肉食性
生活时期：白垩纪晚期
发现地点：非洲

啮齿龙

啮齿龙也叫伤齿龙，生活在白垩纪的晚期，体长只有2米左右，算是十分小巧玲珑了，它是一种小型的兽脚类肉食性恐龙。科学家从啮齿龙化石研究得出，它的大脑是所有恐龙中最大的，也就是说，它的智商应该很高，而且很可能是最聪明的恐龙。

啮齿龙的手臂长而纤细，在上面长有带钩爪的手指，双腿的肌肉结实有力，应该很善于奔跑，加上它长有人字骨的尾巴，这就使得啮齿龙奔跑起来速度非常快，很有利于它追捕猎物，或者是在遇到天敌时能够迅速地逃避敌害。

🔴 偷蛋的伤齿龙

因为有着发达的大脑，啮齿龙能对周围的环境做出迅速、准确的判断，动作也很敏捷，带钩爪的手指具有很大的杀伤力，往往能够轻易地捕食到小型植食性动物。

◀ 啮齿龙有很大的眼睛和大脑，这证明它是一种聪明、活跃的恐龙。

恐龙小档案

名称：啮齿龙
身长：2米
食性：肉食性
生活时期：白垩纪晚期
发现地点：美国、加拿大

食肉牛龙

　　食肉牛龙生于白垩纪晚期的南美洲大陆，属于亚伯龙类群，是一种很奇特的、大型的肉食性兽脚类恐龙。食肉牛龙的化石在南美洲的多处被发现，其中以在阿根廷被发现的化石骨架最为完整，甚至在有的化石身上还保存有皮肤的痕迹。

　　食肉牛龙与其他的兽脚类恐龙相比，它的头部要厚实、短小，小小的眼睛面向前方，最明显的是在眼睛的上方还长有一对又粗又短的尖角。这角和牛的头骨很像，这在它所属的恐龙群里是非常罕见的。其脊椎骨上长有翼状的突起，背部两侧长有鳞片，前肢非常短小，但后肢却长而健壮，这就使得食肉牛龙比其他的大型肉食性恐龙行动要灵活敏捷了许多。它常常能够在猎物还没有来得及反应的时候就迅速地扑过去，把猎物抓获。

　　对于食肉牛龙那最显著的特征——尖角，古生物学家们也做出了很多的猜测，他们中的大多数认为，这个尖角既不够大，也不够坚硬，应该不是用来做武器的，很可能是用来作为其成年的标志。

◖ 食肉牛龙

◔ 食肉牛龙与人对比图

食肉牛龙头上的尖角是它最典型的特征，但尖角的功能却始终令人费解。

食肉牛龙的背部及体侧都有成排的突出钝鳞。

重爪龙

重爪龙生活在距今约1.25亿前的白垩纪早期的英格兰地区，是一种外形奇特的肉食性兽脚类恐龙。因为在拇指上长有像钩子一样锋利、长达35厘米的大爪子，所以把它叫做重爪龙，它的爪子也是迄今为止人们所发现的最大的恐龙爪。其化石是于1983年在英国的萨里尼日地区被发现的，所发现的这一具重爪龙化石骨架是其所属的那个年代保存得最完整的，也是唯一一具已知的重爪龙化石骨架。

重爪龙拥有比其他大型兽脚类恐龙更长、更直的颈部，肩膀也是非常有力，还有可以使身体保持平衡的细长而坚挺的尾巴。

人们说重爪龙的外形独特，那是因为它的头部扁长，细窄的上下颌中长着牙齿——呈锯齿状的128颗牙齿，整个的头型与现代的鳄鱼十分相像。重爪龙不但和鳄鱼长得很像，而且和鳄鱼一样生活在水边，靠利爪捕食鱼类为食，这也得到了古生物学家的认可，因为他们在它的体腔内发现了大量的鱼的鳞片。

◀ 这是一具位于重爪龙化石发掘地的重爪龙复原模型。古生物学家以骨架为基础为它添加了肌肉和皮肤。

恐龙小档案

名称：重爪龙
身长：8.5米
食性：肉食性
生活时期：白垩纪早期
发现地点：英国、西班牙

重爪龙细长的尾巴帮助它保持身体平衡。

重爪龙口中有128颗牙齿，头部很像现代鳄鱼的头。

重爪龙拇指上长有一个超过30厘米的钩爪，是迄今为止发现的最长的恐龙爪。

恐爪龙

恐爪龙生活在白垩纪的早期，是一种小型的两足行走的肉食性的兽脚类恐龙，归属于兽脚类恐龙中的驰龙类，性情比较凶残。

恐爪龙名字来源于它的爪子，这个被称为"恐怖之爪"的爪子长在后肢掌的第二趾上的前段，外形很像是锋利的镰刀，而且能够调整利爪的角度，这使得恐爪龙在捕食猎物的时候能够以最大的弧度向下和向前戳向猎物，而用后肢的巨爪对猎物开膛剖肚，加之行动的敏捷，凶残的性格，使它成为白垩纪早期最活跃的掠食者，被称为恐龙家族中最凶猛的捕猎者之一，是恐龙中的"狼"。

恐爪龙皮肤的颜色可能是沙黄色，就像今天的狮子，可以与周围的沙土和黄色的植物相吻合。它们的皮肤上也可能有斑纹，就像今天的老虎，这样它们就能隐蔽在植被中，等待攻击猎物。

恐龙小档案

名称：恐爪龙
身长：3米
食性：肉食性
生活时期：白垩纪早期
发现地点：美国

◁ 一只单独的腱龙十分不明智地和自己的族群走散了，结果遭到了三只恐爪龙的攻击。

▷ 恐爪龙皮肤的颜色能够帮助它们警示敌人。

快盗龙

快盗龙又叫迅猛龙、疾走龙、速龙，是一种小型的肉食性蜥臀目恐龙，生活在白垩纪晚期的蒙古和北美洲。1971年，一具完整的快盗龙化石骨架在蒙古被挖掘出来，古生物学家研究发现，这具化石是在和原角龙的生死战斗中死去以后形成的，它死的时候还把长长的前肢插入了原角龙的头颅中，而自己的肚子里留有一个镰刀状的爪子。

◁ 这是出现在电影《侏罗纪公园》里的快盗龙。

△ 快盗龙头骨骨架

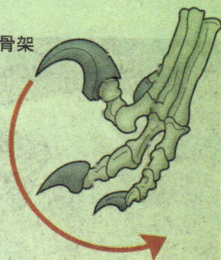

△ 这张快盗龙足部的示意图告诉我们它的第二趾爪可以翻转180°。

快盗龙的头部较大，因此大脑容量也比较大，智商应该比较高。它嘴里长满了利刃状带有锯齿的牙齿，后肢经常是以两趾着地行走，而在第三趾上长着约有12厘米长的、镰刀状的利爪，这是它捕食猎物时很重要的武器。细长的前肢也带有锋利的爪子，而且很是灵活，便于抓握，在行动上也是非常地敏捷。快盗龙通常是一脚着地，用另一只脚和前肢利爪配合，把抓到的猎物开膛剖肚，很是凶猛。

身上带有的诸多利器，使得快盗龙成为一种非常危险的、具有极大杀伤力的中小型肉食性恐龙。

恐龙小档案

名称：快盗龙
身长：1.8米
食性：肉食性
生活时期：白垩纪晚期
发现地点：蒙古、北美洲

单爪龙

　　单爪龙生存在白垩纪的蒙古。它是一种长羽毛的小型恐龙，它的名字的意思是"一只爪"。它长有极其短小的上肢，而每只上肢只有一只结实的大爪，它的上肢太短因而够不到自己的脸，但是非常强健。单爪龙会利用上肢凿穿蚁丘，从而能吃到土丘里面的白蚁。

　　研究显示，单爪龙的头部小，牙齿小而尖，显示它们是以昆虫与小型动物为食，例如蜥蜴与哺乳类。它的眼睛可能很大，这有助于它们在较寒冷、较少掠食动物的夜晚猎食。

　　单爪龙的身长约1米，双脚长而敏捷，可以快速奔跑，这在它们所生存的沙漠平原环境中非常有效。

🔺 单爪龙

🔺 单爪龙与人对比图

恐龙小档案

名称：单爪龙
身长：约1米
食性：昆虫与小型动物为食
生活时期：白垩纪时期
发现地点：蒙古

🔻 单爪龙用它的爪子在白蚁丘穴上凿洞，然后就能用尖长的喙啄食到白蚁了。

鲨齿龙

　　鲨齿龙是一种很凶狠的巨型肉食性兽脚类恐龙，生活在白垩纪的晚期，是到目前为止在非洲发现的最大的恐龙，其头骨比霸王龙的还要长，仅次于肉食性恐龙中最大的南方巨兽龙的头骨。在那个时代的那个地区，鲨齿龙几乎没有对手，是史上最强悍的陆地生物之一。

　　鲨齿龙的头骨有1.63米长，比霸王龙的头骨还要长10厘米，但是它的大脑却只有霸王龙的一半，估计没有霸王龙聪明。头部的前端长有一个尖尖的、很大的嘴巴，嘴里长有一排排极其锋利的牙齿，样子很像是一把把弯刀，边缘布满了锯齿，与鲨鱼的牙齿很像，可以把捕食到的猎物很容易地撕成碎片，它的大嘴可以称得上是它最有力的武器了。鲨齿龙一般用强有力的后腿站立，其速度很快，冲击力也很大，主要以一些同时代的大型植食性恐龙为食。

恐龙小档案
名称：鲨齿龙
身长：12.2米
食性：肉食性
生活时期：白垩纪晚期
发现地点：非洲

◁ 鲨齿龙头骨长达1.63米。它长有令人难以置信的强有力的尖牙，帮助它轻而易举地撕开其他动物的肌肉。

南方巨兽龙

南方巨兽龙与霸王龙、鲨齿龙被称为最大的三种兽脚类恐龙，同时也是仅次于雷克斯霸王龙和埃及棘龙的世界体重第三的肉食性恐龙，生活于白垩纪的晚期。南方巨兽龙的第一具化石是1994年在阿根廷发现的。

🔴 南方巨兽龙头骨

南方巨兽龙的体长可达13米，头骨长1.8米，体重约有8吨，是已知的兽脚类恐龙中最大的恐龙。虽然在体形上比暴龙要大很多，但是和暴龙又粗又大的牙齿相比，它的牙齿要小得多，也要薄得多，每颗牙齿有8厘米长，很锋利，像锐利的餐刀一样，很善于切割猎物。它在捕食时，一般只要在猎物身上狠狠地咬上一口，产生的伤口就足以致猎物死亡。

南方巨兽龙习惯用两足行走，所以它的后肢粗壮有力，前肢很短，每个前掌上长有3根趾头，而又细又长的尾巴能在快速奔跑中起到平衡和快速转向的作用。科学家把脊椎动物的生物力学和古生物学结合起来，通过对比汽车的行驶速度与南方巨兽龙的股骨强度进行相关的实验，证实它的最大时速可达每小时50千米。

◀ 南方巨兽龙

恐龙小档案

名称：南方巨兽龙
身长：13米
食性：肉食性
生活时期：白垩纪晚期
发现地点：阿根廷

非洲猎龙

　　非洲猎龙生存在约1.3亿年前的白垩纪早期，属于肉食性兽脚类恐龙。其化石最初是于1993年在非洲尼日尔的阿加德兹地区被发现的，他的发掘者是著名的美国芝加哥大学化石专家赛瑞诺教授。从化石骨架标本上看，非洲猎龙与勾龙、三角洲跑龙有很多的相似之处。非洲猎龙化石是非洲地区白垩纪早期保存最完整的恐龙化石，这对很少发现白垩纪早期兽脚类恐龙化石的非洲来说，意义显得格外重大。

　　非洲猎龙体长9米，高3米，体重约有4吨，与其他的恐龙相比，它的身体较为轻盈。头骨是中空的，上面的眼孔很大，嘴里长着4排约微向后弯曲的尖牙，非常锐利，能够很轻松地咬到猎物的皮肤。短小的前肢上长有锋利的爪子，捕猎时能够紧紧地抓住猎物，以防猎物跑掉。它的后腿很长，而且非常地健壮，估计习惯于用两足行走，一旦奔跑起来，速度能够达到每小时35千米以上，动作很是迅速敏捷。非洲猎龙身上的这些特征，让它成为那个时代最危险的食肉动物。

◀ 非洲猎龙

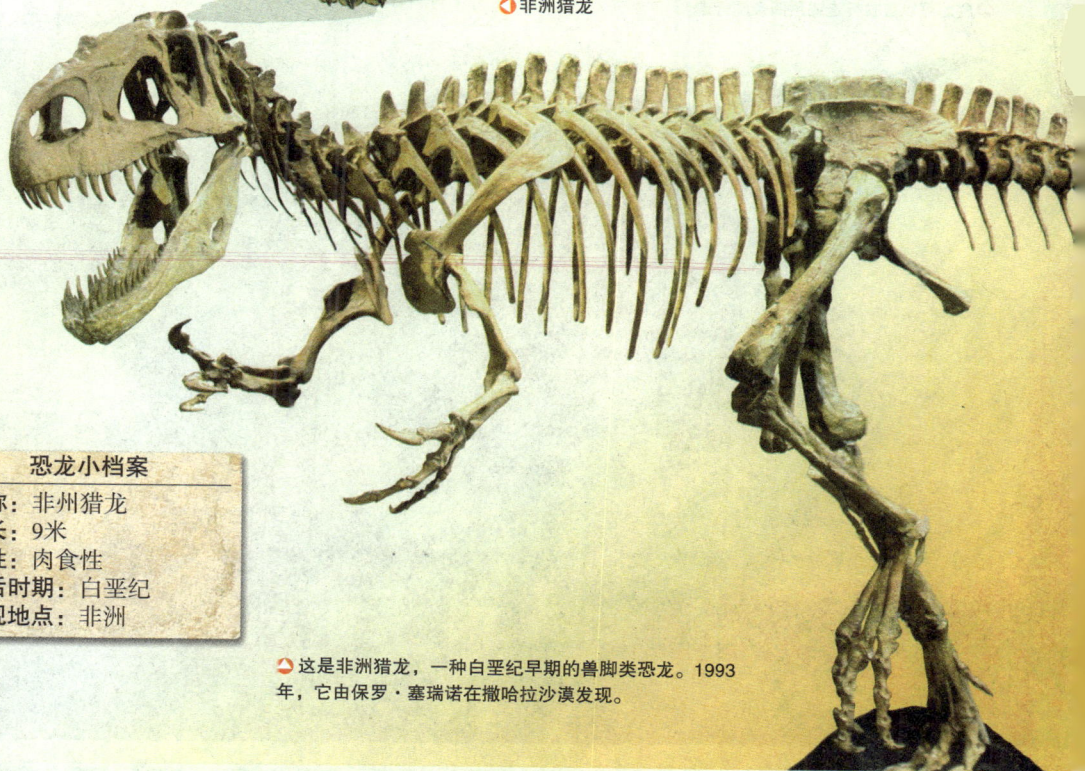

恐龙小档案
名称：非州猎龙
身长：9米
食性：肉食性
生活时期：白垩纪
发现地点：非洲

　　这是非洲猎龙，一种白垩纪早期的兽脚类恐龙。1993年，它由保罗·塞瑞诺在撒哈拉沙漠发现。

禽龙

恐龙小档案

名称：禽龙
身长：10米
食性：植食性
生活时期：白垩纪早、中期
发现地点：欧洲、非洲、亚洲东部

禽龙生活在距今1.30亿~1.10亿年前的白垩纪早期、中期，是一种体形庞大的植食性鸟脚类恐龙。

禽龙的身躯高大，体长大约10米，体高约有5米，略显体形笨重。体重约4~5吨，这个体重和一头大象的体重差不多。尾部粗壮。就其特征来说，最显著的特征就是它前肢拇指上长有大尖钉，非常锋利，这可能是禽龙用来刺伤敌人的，从而起到自我保护的作用。指爪扁平，呈马蹄状，其爪也很锐利。在一般的情况下，禽龙是用四足行走，以便支撑身体的重量，但有的时候却是用两足行走。

禽龙长着一个角质的喙嘴，但是嘴巴前面没有牙齿，100多颗强有力的臼齿全部长在颊囊里，所以只能是用嘴咬下叶子，再用颊齿来嚼。禽龙一般是以马尾草、蕨类和苏铁为食，喜欢群居。

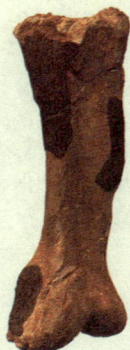
🔺这个禽龙跖骨化石（足部长骨）粗糙的部分（颜色较深处）就是肌肉与肌腱相连的地方。

🔺禽龙可以直立行走或用四条腿行走。

棱齿龙

棱齿龙生活在距今1.2亿年前的白垩纪早期的北美和欧洲，是一种个子不大但是非常善于奔跑的植食性鸟脚类恐龙。

棱齿龙长2米左右，臀高1米，后肢不但修长，而且优美。其重心位于身体后半部，靠两足行走，以长尾来保持平衡，它的体态与瞪羚非常相似。棱齿龙后肢的大腿粗大短小，胫骨瘦长，小腿比大腿长，长在腿骨上的肌肉很发达，这些特征说明了它很善于奔跑，是鸟脚类恐龙中速度最快的类群之一。

棱齿龙的头部很小，眼睛发达，因此具有敏锐的视力。它的上颌牙齿上半部向内弯曲，下颌却与之相反。在牙齿的起角位置上面长有五六条棱，这些棱在牙齿表面形成了倾斜的磨蚀面，可以保护棱齿龙在进食时不会对牙齿造成太大的伤害。嘴喙狭窄锐利，便于凌齿龙咬食树木枝叶。在众多的恐龙群里，棱齿龙非常地警觉和胆小，常常是以群居的方式生活，是一种胆小如鼠的恐龙。

恐龙小档案

名称：棱齿龙
身长：2米
食性：植食性
生活时期：白垩纪早期
发现地点：北美洲、欧洲

棱齿龙是一种轻快敏捷的恐龙，健康的成年棱齿龙可以比新猎龙这样的大型掠食者跑得更快。

新猎龙

新猎龙是兽脚亚目恐龙，生存于白垩纪早期。新猎龙身长接近7.5米，并拥有修长的体型。自从化石发现于英国怀特岛之后，它们成为欧洲最著名的肉食性恐龙之一。

它的长相与异特龙相似，是那个地区主要的捕食者之一，它常常伏击禽龙、棱齿龙甚至大型蜥脚类恐龙。它拥有巨大的爪子和锋利的牙齿，这让它成为怀特岛强大的掠食霸主。

新猎龙的化石是1978年在怀特岛西南方的白垩悬崖发现的，目前所发现的新猎龙化石，可建构出它们骨骸的接近70%部分。

恐龙知识小宝库
怀特岛

怀特岛是一个位于英国南海岸附近的小岛。在恐龙存活的时候，它还是英格兰大陆的一部分，大约1万年前由于海平面上升才与之分离。在怀特岛发现的恐龙比在欧洲其他任何地方发现的都多。

恐龙小档案
名称：新猎龙
身长：7.5~8米
食性：肉食性
生活时期：白垩纪早期
发现地点：英国

长帆龙

  长帆龙身上没有任何特殊的防卫武器，但是常常能够快速地奔跑逃离袭击它的肉食性恐龙，它的行动非常快捷。从发现的骨骼化石来看，长帆龙生活在白垩纪的早期。

  长帆龙它的头部比较扁平，而且较长，一般是靠双脚来行走的。在它的背上长有一排长长的"帆"，里面分布着很多的血管。科学家猜测，它的长帆可以用来调节体温，当气温变低，就会吸收太阳的热能来提高自己的体温，而一旦气温太热，就会把长帆当做挡板，遮住一般的身体不被太阳照射，起到降温的作用。

  长帆龙喜欢过群居的生活。

恐龙知识小宝库

恐龙的群居

  恐龙足迹、群体坟墓等线索证明了有些恐龙是群居生活的。一是为了安全，当遇到危险时，它们会嘶叫，相互通知危险来了，并一起作战，正所谓团结起来力量大；二是有利于捕食，这样它们就有机会捕获更大的猎物。

恐龙小档案

名称： 长帆龙
身长： 不详
食性： 不详
生活时期： 白垩纪早期
发现地点： 不详

肿头龙

肿头龙生活在白垩纪的晚期,是肿头龙类恐龙的代表,它体长4.6米,体重较轻。

肿头龙因为头盖骨又高又厚,看上去就像是一个很大的突出来的肿包一样,所以才被人们称为"肿头龙",这与其他的植食性恐龙有很大的区别。它们的头盖骨异常肿厚,而且坚硬无比,是进行搏斗最犀利的武器,这在古今动物中是没有谁能够相比的。除了长有肿厚的头盖骨,肿头龙的脸部与口部还长着角质或骨质凸起的棘状物或肿瘤,致使面目异常恐怖,看起来奇丑无比。

肿头龙的颈部短而厚实,身躯不大,前肢短而后肢长,坚硬的骨质尾巴由肌腱固定,应该很沉重。牙齿很小,但是很尖锐,这样的牙齿是不能够嚼烂那些纤维丰富但很坚韧的植物的,所以它应该是以柔软的植物和果实,甚至是一些昆虫为食。肿头龙喜欢过群居的生活,而且也非常喜欢互相撞头。

🔴 肿头龙撞击的动作可能会非常猛烈,几次相撞后,势力较弱的一方会放弃战斗并撤离。

🔴 图为两只巨型肿头龙在争斗。它们可能是最大的肿头龙,体长达8米。

肿头龙圆圆的头顶是实心的骨头,肿头龙可以用它来作为进攻的武器。

肿头龙的脸部和口部长着大小不等的硬疙瘩,这些疙瘩分布在头骨的边缘。

恐龙小档案

名称:肿头龙
身长:4.6米
食性:植食性
生活时期:白垩纪晚期
发现地点:美国

穆塔布拉龙

　　穆塔布拉龙也叫木他龙。它生活在白垩纪早期，是一种植食性鸟脚类恐龙。其化石是在澳大利亚昆士兰省穆塔布拉镇的岩层中被发现的，是澳大利亚洲最重要的恐龙品种。不过很可惜的是，被发现的穆塔布拉龙的遗骸十分有限，只发现了一些头骨。但是这些仅存的颅骨化石却为人们证明了它与禽龙十分相似，它也应该属于大型的植食性四足恐龙，并且能够用后肢支撑着笨重的身体站立起来。它中间的3个指头也应该是融合在一起形成蹄状的，在拇指上还长有非常锐利的爪子。但因为是植食性恐龙，它的利爪很可能只是用在自身的防卫上，而很少作为武器去攻击其他的动物。

　　穆塔布拉龙体长约有7米，体重约为4吨，最大的特征是它那高挺的鼻子。因为已经证明它是属于鸟脚类恐龙的一种，所以我们可以推测出穆塔布拉龙也应该是以群居的方式生活的。为了满足其巨大的食量，穆塔布拉龙经常定期进行迁徙，它们曾经从澳大利亚前往极地森林觅食。另外，科学家还推测，穆塔布拉龙身上还应该有寄生虫的存在。

恐龙小档案

名称：穆塔布拉龙
身长：7米
食性：植食性
生活时期：白垩纪早期
发现地点：澳大利亚

▶ 雄性穆塔布拉龙与雌性穆塔布拉龙

慢龙

慢龙生活在距今9300万年的白垩纪早期，是一种非常奇特的两足行走的植食性恐龙，目前被归入兽脚类恐龙中的镰刀龙类，但是它同时又具有原蜥脚类恐龙和鸟臀目恐龙的特征，这主要表现在慢龙的骨盆化石与鸟臀目恐龙的骨盆十分相似。慢龙的化石主要是在蒙古的戈壁沙漠里被挖掘出来的。

慢龙的体形庞大，身长有6~7米，和现在最大型的鳄鱼差不多大小。它的前肢短小，但是肌肉很发达，而后肢粗壮，脚掌十分宽厚。从它的四肢骨骼化石来看，股骨比胫骨还要长，表明它行动

🔺 慢龙蛋巢

的时候动作相当缓慢，加之脚掌部又宽又短，所以慢龙不能像其他大部分的兽角类恐龙一样快速奔跑捕捉猎物，很多时候都是在懒洋洋地缓慢行走，也因此得名。

慢龙的头部又小又窄，脸颊比较宽大，两颊有肉质的颊囊，下颌单薄，嘴的前段是没有长牙齿的喙，这与某些食草动物很相似，但口中又有类似原蜥脚类恐龙的尖锐颊牙，能够切割食物，这又与其他的一些肉食性恐龙一样。所以到目前为止，古生物学家对于慢龙的生活方式和食性还众说纷纭，没有一个确切的论断。

恐龙小档案

名称：慢龙
身长：6~7米
食性：不详
生活时期：白垩纪早期
发现地点：蒙古

慢龙头部窄小，两侧颊袋多肉。

慢龙脖子长，而且可以弯曲。

慢龙的爪子宽大而向内弯曲，爪上有3指。

镰刀龙

镰刀龙有着一副很奇特的长相。它的头长得像植食性动物的头，前肢长有弯曲尖锐的大爪子，很像肉食性恐龙的前肢，肚子臃肿肥大，脚却是又短又宽，被称为恐龙世界中的"四不像"。几乎所有的镰刀龙类都是生活在白垩纪的晚期，但是有资料显示，最古老的镰刀龙类可以追溯到侏罗纪的早期。它是一种行动缓慢的杂食类大型兽脚类恐龙，代表着肉食性恐龙中的一种特化类群。其被发现的最早的化石是一个巨大的前肢化石，是在蒙古国发现的。

镰刀龙的头部比较小，颈部又长又直，双颌比较狭长，口中没有牙齿。它的前肢很长，上面的3根指头上长有长长的爪子，其中最长的利爪有75厘米长，和一个成年人的手臂差不多一样长，形状看起来很像割草的镰刀，这是镰刀龙区别于其他恐龙的最大特征，经常被用来自卫或是用作争夺配偶的武器，同时也是它名字的由来。其后肢粗壮，在宽大的脚掌上也长有大爪子。镰刀龙习惯用两足行走、行动起来比较缓慢。

◀ 镰刀龙

🔺 镰刀龙的尖爪

恐龙小档案

名称：镰刀龙
身长：11米
食性：植食性
生活时期：白垩纪晚期
发现地点：蒙古、中国

手臂长达2.4米，比一个成年人的身高还长。

镰刀龙身上覆盖着原始的羽毛。

窃蛋龙

　　窃蛋龙生活在白垩纪晚期，生活的区域大概是现在的蒙古国和中国的戈壁沙漠地带，属于兽脚类恐龙。其化石于1923年被发现，同时被发现的还有一窝恐龙蛋和一只原角龙的化石。当时发现它们的科学家认为这只恐龙是因为偷窃原角龙的蛋才被杀死的，所以把它叫做窃蛋龙。经过后来的研究发现，它是被冤枉的，这些蛋正是窃蛋龙自己的，而原角龙只不过是经过这里，但是它的名字已经无法更改了。

　　窃蛋龙身长约2.4米，体重为25~35千克，大小和鸵鸟差不多，体形娇小。头盖骨绞短，形状和鸟头形状很像。它长着大大的眼睛，口中没有牙齿，但是有一个大而弯曲的喙，它的喙强而有力，可以击碎骨头。两个前肢各长着3个手指，上面有长而尖锐的爪子，利于它把猎物紧紧地抓住，后腿细长。古生物学家推测，窃蛋龙动作迅速敏捷，行动能力很强，用长尾来保持身体的平衡。

🔺窃蛋龙化石

恐龙小档案

名称：窃蛋龙
身长：2.4米
食性：肉食性
生活时期：白垩纪晚期
发现地点：中国、蒙古

恐龙知识小宝库

恐龙蛋

　　最大的恐龙蛋可以装下22千克的液体。最大的鸟蛋是高约3米、已灭绝的隆鸟（又称象鸟）的蛋，能装下超过38千克的液体，相当于180只鸡蛋的容量。

和袋鼠的尾巴一样，窃蛋龙的尾巴也是用来保持身体平衡的。

似鸵龙

　　似鸵龙是一种长得很像鸵鸟的恐龙，但是它比鸵鸟多了一条长长的尾巴，身上也不像鸵鸟一样长满羽毛，而是光秃秃的，前肢上还有爪子。它生活在白垩纪的晚期，是由一类小型的兽脚类食肉性恐龙进化来的，同时也是虚骨龙类恐龙演化到白垩纪的代表性动物。

　　似鸵龙体长4.3米左右，整个身体结构轻盈。头较长，眼睛和鸟的一样，颈部纤细灵活，牙齿已经退化了，角质喙取代了牙齿。它的四肢修长，后肢的小腿骨比大腿骨长，3个脚趾着地，如此的结构显示似鸵龙的行动很敏捷，而且善于奔跑。据推测，它的速度可能高达每小时70千米，这样的速度在整个恐龙世界里算得上是短距离的奔跑能手了。

　　似鸵龙因为嘴里的牙齿已经退化，所以是一种只能吃一些树叶、昆虫和小动物的杂食性恐龙。它的食物主要是利用尖尖的嘴巴和前肢的3个爪子去摘取果实和种子获得的，偶尔还要捕食一些小动物来加强营养。当获得带有坚硬外壳果实的时候，似鸵龙还会用嘴巴先把果实的硬壳剥去再吃。

恐龙小档案

名称： 似鸵龙
身长： 4.3米
食性： 杂食性
生活时期： 白垩纪晚期
发现地点： 加拿大、美国

▶ 似鸵龙来去如风

似鸟龙

　　似鸟龙生活在白垩纪的晚期，早在1891年就已经被发现并命名了。它的头部比较厚实短小，脖子长而灵活，和现代的鸟类很相似，这可能就是它名字的由来。它是一种习惯用后肢行走的兽脚类恐龙。

　　似鸟龙身上带有很多鸟类的特征，比如有着大大的眼睛，这有利于开阔它的视野，让它能够很轻松容易地观察四周的情况，一旦出现敌人，就能够很快逃离。它的嘴巴又尖又硬，很可能没有牙齿，所以推测它是依靠嘴巴去啄取食物的。它的前肢不像其他的恐龙一样长着爪子，后肢比较长，说明它的动作很敏捷，很善于奔跑。有的古生物学家猜测，在似鸟龙的头部和前肢上可能像鸟类一样覆盖有羽毛。似鸟龙与鸟类最大的区别在于，它长有一条含有骨质核心的长尾巴。

　　似鸟龙是怎样生活的呢？它的生活方式是怎样的？到目前为止也没有一个统一的认识，但大体上有这样的三种说法：有的人认为它是植食性恐龙，有的认为它是肉食性恐龙，更有甚者认为似鸟龙可以短距离飞翔去捕食。

◁ 似鸟龙骨架

▽ 似鸟龙与人对比图

恐龙小档案

名称：似鸟龙
身长：不详
食性：不详
生活时期：白垩纪晚期
发现地点：不详

大眼睛意味着似鸟龙有着良好的视觉能力。

和身体等长的后腿决定了它可以快速奔跑。

△ 似鸟龙

似鸡龙

似鸡龙是一种杂食性恐龙，生活在7000万年前的白垩纪晚期，体长大约在6米左右，相当于身材比较高大的成年人的3倍，身上具有很明显的类似现代鸟类的特征，是目前为止已知的最大型的似鸟龙类恐龙，一般栖居在半沙漠化的干旱地区。

似鸡龙与其他的似鸟龙类恐龙一样，脑袋很小，但是在脑袋的两侧快接近头顶的地方却长着一双大大的眼睛，这就使得似鸡龙获得了全方位的视野，能够把前后左右的情况看得清清楚楚。它长有狭长的喙，嘴里没有牙齿，颈部也是很长很灵活，这些和现代的鸟类很相似。不同的是，似鸡龙身上没有羽毛，也没有翅膀，而是长有前肢，但比后肢要短，两个掌各有3个利爪，可以很好抓取食物或者撕裂猎物。后肢修长，习惯用两只后肢行走，一步就能迈出很远的距离，奔跑起来速度也很快，这有利于它快速地逃脱敌人的追捕和猎食。

◀ 似鸡龙头骨

▲ 似鸡龙与人对比图

恐龙小档案

名称：似鸡龙
身长：6米
食性：杂食性
生活时期：白垩纪晚期
发现地点：蒙古

鸸鹋龙

　　鸸鹋龙生活在距今8000~6550万年前的白垩纪晚期，是似鸟龙科的一属，用双足行走，属于肉食性兽脚类恐龙。它的首个化石是于1920年发现的，一开始，人们把发现的这个化石认为是似鸵龙的一种，后来在1972年经过戴尔·罗素重新评估后把它划分为鸸鹋龙，它的化石发现于加拿大艾伯塔省的马蹄峡谷及朱迪斯河，包含有成体及幼体化石。

　　鸸鹋龙的体长约为3.5米，体重约100~150千克，在恐龙群里算是偏小型的恐龙，但是奔跑速度极快，大约为每小时65千米，这样的速度和现在的马一起赛跑也有得一拼。鸸鹋龙的速度是科学家根据其脚印化石来判断的，它的速度被认为是恐龙中的长跑冠军。

　　鸸鹋龙身形很小，股骨有46.8厘米长，嘴呈喙状，没有牙齿，颈部较长，颌部的构造比较虚弱，尾巴较硬。和其他的似鸟龙科的恐龙相比，它的背部较短，前肢修长，有很大的脑袋和眼睛，科学家猜测，加大的脑部分可能用在动作的协调上。

恐龙小档案

名称：鸸鹋龙
身长：3.5米
食性：肉食性
生活时期：白垩纪晚期
发现地点：加拿大

🔺鸸鹋龙与人对比图

尾羽龙

尾羽龙生活在白垩纪的早期，被发现于中国辽宁省的西部，其化石被发现的时候上面长着许多的羽毛，最初被误认为是一种鸟类的化石，直到经过仔细研究才被确认为是恐龙的一种，应该归属于杂食性兽脚类恐龙。

尾羽龙的身型很小，只有70~90厘米左右，其外形与现代的火鸡很相似，具备了一些鸟类的特征：它长着高而短的头，喙部也比较短，除了在嘴巴的前段长着几颗形态奇特，并且向前延伸的牙齿以外，基本上就没有其他的牙齿了，这就让它很难把食物咬碎，所以就需要吞食一些小石头来帮忙磨碎和消化食物，这已从它的胃里发现胃石得到证实了。

此外，它的脖子和大多数的似鸟龙类恐龙一样长而灵活。前肢上长有3根带有利爪的指头，上面带有羽毛。它还不会飞，靠后肢行走，是一种奔跑型的小型恐龙。

尾羽龙的身上长有两种羽毛，一种是长在前肢、脚掌和尾部的长羽毛，一种是覆盖全身的短绒羽。这些羽毛有调节体温和吸引配偶的作用。

▶ 尾羽龙

⬆ 尾羽龙化石

恐龙小档案

名称：尾羽龙
身长：70~90厘米
食性：杂食性
生活时期：白垩纪早期
发现地点：中国辽宁

—— 尾羽的色彩很鲜艳。

—— "翅膀"上长有爪子，说明它不属于鸟类。

鸭嘴龙

　　鸭嘴龙生活在8000万年前的白垩纪晚期，以植物为食，是白垩纪晚期数量最多、分布最广的植食性恐龙。鸭嘴龙有很多种，属于鸟脚类恐龙。

　　鸭嘴龙的体长约为10米，头骨较高，在脸颊的两侧长着一双大大的眼睛，眼神经较大，所以眼睛能够向上移动，拓宽了的视野让它对身边的情况看得清清楚楚，能够保持较高的警惕。它的前肢较短，后肢较长也比较粗壮，一般是用后脚行走或者奔跑，长长的尾巴在行走或者奔跑的时候用来保持平衡，但有的时候，鸭嘴龙也靠短小的前肢支撑着身体俯下身来吃低矮的植物。

　　从鸭嘴龙的名字就能看出，它长着一个和鸭子很像的嘴巴。它的口部宽大扁平，口中长着倾斜的菱形牙齿，密密麻麻的大概有2000颗，而且这些牙齿一旦磨光了还会长出新的来代替。因为关节系统很发达，所以能推动上下颌自由地运动，加之上下颌的牙齿是交错咬动的，可以很容易把一些坚韧的植物切断并磨烂，是一个非常有效率的进食机器。鸭嘴龙处于两足行走恐龙的巅峰时期，是鸟脚类恐龙中最进步的一大类。

前上颌骨和前齿骨的延伸，形成了鸭嘴龙鸭子般的嘴。

🔺鸭嘴龙皮肤化石

◀鸭嘴龙可能很擅长游泳，有人认为它们可以跳入很深的水中，以躲避成群捕猎的肉食性恐龙。

恐龙小档案
名称：鸭嘴龙
身长：10米
食性：植食性
生活时期：白垩纪晚期
发现地点：不详

尼日尔龙

尼日尔龙是北非非常稀有的恐龙之一，它是一种生活在1亿年到9千万年前的蜥脚类恐龙。有15米长的尼日尔龙是中型的蜥脚类恐龙，但它长有令人难以置信的宽颚部，头部类似铲子，嘴部状似吸尘器，其中生有大约600颗针形牙齿。每个牙齿的后方有九个替换牙齿。当一个牙齿磨损时，后方的牙齿就替补上来。保罗·塞瑞诺表示，尼日龙的牙齿替换率大约是每月一颗，是吉尼斯世界纪录中牙齿汰换率最高的动物。

尼日尔龙可以在草面上挥摆脖颈并用它的牙齿修剪草皮，这种进食方式就像一台庞大的割草机。

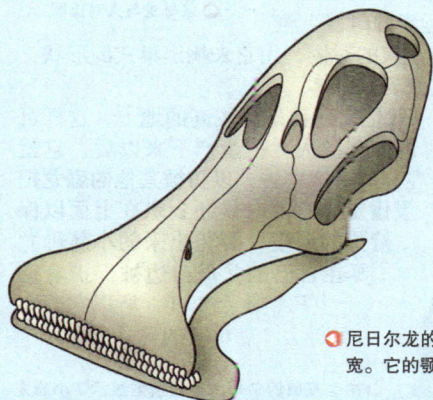

恐龙小档案

名称：尼日尔龙
身长：15米
食性：植食性
生活时期：白垩纪中期
发现地点：非洲

◖ 尼日尔龙的嘴比其他任何已知恐龙的都要宽。它的颚部要比脸部宽多多。

恐龙知识小宝库
恐龙的爪子

恐龙的趾端都长有爪子或类似的硬组织。恐龙的爪子可能是由一种叫作朊的物质构成的，这也是构成恐龙角的物质。恐龙爪子的形状和大小因其身体的大小不同而不同。

◗ 帝鳄潜伏在河岸边攻击前来喝水的猎物——尼日尔龙。

慈母龙

慈母龙被叫做"好妈妈蜥蜴"，是一种生活在白垩纪晚期的典型的鸭嘴龙类恐龙，一般是靠四足行走，属于大型的植食性恐龙。

慈母龙的体型较大，长有一个类似马头的长脑袋，在眼睛的上方长着一个小小的装饰性的实心的骨质头冠，嘴巴和鸭子的很像，都是比较宽的。它的前肢较细，比后肢要长，所以在习惯性用四足行走的时候，全身的最高处就落在了臀部。慈母龙的前肢作用很多，在建造巢穴的时候，用它来掏出巢穴的形状，在下蛋的时候还要用它来支撑身体。

慈母龙一般把窝建在地势较高的地方，这样可以及时地发现敌人。把蛋产下来以后，它就会在窝的旁边守护，以防被其他的恐龙把蛋偷走，有的时候还会趴在上面以保持蛋的温度，孵化出来的小慈母龙要在自己的父母身边被保护着待上十几年才会离开，所以它确实配得上"慈母"的称号。

慈母龙与人对比图

这个复原的慈母龙巢穴模型显示了小恐龙挣扎出蛋壳的样子。小恐龙刚出壳的时候，大约有25厘米长。

恐龙小档案

名称：慈母龙
身长：9米
食性：植食性
生活时期：白垩纪晚期
发现地点：美国、加拿大

这只慈母龙正在保护它幼小的子女免受伤齿龙这样凶猛的小型肉食性恐龙的袭击。

青岛龙

青岛龙生活在白垩纪的晚期，它的化石于1951年在中国的青岛被发现，发掘的时候这具恐龙的化石骨架几乎是完整的，是中国最早发现的一具完整的恐龙骨架，属于植食性鸟脚类恐龙的一种。

青岛龙的体长大约在10米左右，在恐龙中算是比较大型的恐龙了。它与其他的恐龙相比区别最大的是在额头上长有一个管棘。这个管棘位于眼睛的中间，长得很笔直，中间是空的，它的末端朝着两端分开，能够发出低沉的声音。从青岛龙的化石标本来看，这个管棘不是很坚实，所以古生物学家推测这不该是用来当作武器的，而是应该用来吸引异性注意力的或者是向同伴发出信号的。

尽管体型不算小，但是青岛龙很喜欢过群居的生活，它的性格也比较温顺。青岛龙一般是用双脚行走，行动比较缓慢，即便奔跑起来也不快。它很喜欢生活在水里，以吃岸边的植物为生。

🔻青岛龙

◀青岛龙与人对比图

恐龙小档案

名称：青岛龙
身长：10米
食性：植食性
生活时期：白垩纪晚期
发现地点：中国山东

鹦鹉嘴龙

　　鹦鹉嘴龙长有一张带钩的类似鹦鹉的嘴，这个特征和原角龙、三角龙等角龙类恐龙是一样的，它生活在白垩纪的早期，其化石最早是在蒙古南部的戈壁沙漠中发现的。

🔺鹦鹉嘴龙头骨

　　鹦鹉嘴龙的头部比较短，因其长着一类似鹦鹉的嘴，所以它的喙部在形状和功能上与现代鹦鹉的喙很相似。它的喙部是弯曲的，而且很厚很锐利，能够用力地咬噬食物。在鹦鹉嘴龙上下颌的两侧各长有7~9颗三叶状的颊齿，而且齿冠很低，和角质喙结合在一起帮鹦鹉嘴龙咬断和切碎植物的叶梗甚至是坚果。

　　从已经出土的鹦鹉嘴龙化石标本来看，它的化石个体长度大约都在2米左右，所以它应该是属于一种小型恐龙。鹦鹉嘴龙一般都喜欢生活在有水的地方，比如像是在低洼的湖边或者是河岸边，而且以这些地方的植物为食，因为在岸边的植物比较柔嫩、多汁。

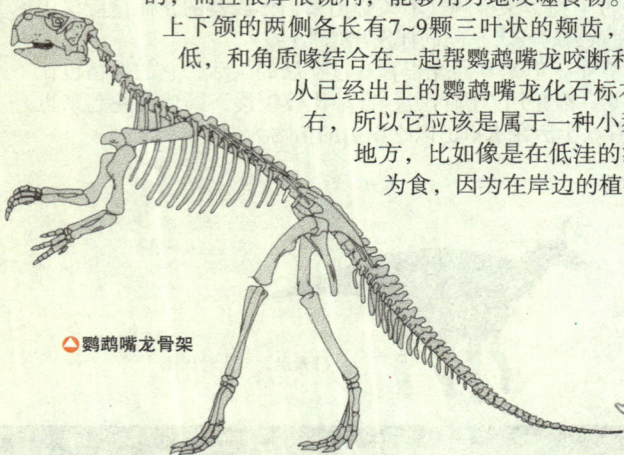

🔺鹦鹉嘴龙骨架

◀鹦鹉嘴龙与人对比图

恐龙小档案

名称：鹦鹉嘴龙
身长：2米
食性：植食性
生活时期：白垩纪早期
发现地点：蒙古、中国

副栉龙

副栉龙生活在白垩纪的晚期，是鸭嘴龙类恐龙的典型代表，属于植食性鸟脚类恐龙。鸭嘴龙类恐龙的头上都有一块形状奇特的隆起，其中又以副栉龙的隆起最为明显。但是它最为显著的特征还在于它头上延伸出来的头冠，这个头冠呈棒状，比其他有头冠的恐龙的要长。对于副栉龙头冠的作用还没有一个统一的认识，但是大多数的人认为这个头冠应该是它的发声器，可以用来

🔻 副栉龙群

报警或求救。不过这个发声器会因为年龄、性别的不同而不同。

副栉龙的前肢十分健壮，既可以在用四足行走的时候用来支撑身体，又可以用来游泳和涉水。它以植物为食，在进食的过程中，副栉龙会利用非常敏锐的感觉保持很高的警惕性，一旦发现敌人靠近，它就会迅速地逃离，它灰暗的皮肤也是躲避其他肉食性恐龙袭击的有效工具。据古生物学家推断，副栉龙还是一种群居性动物。

雄性 ——

雌性 ——

🔻 副栉龙

🔴 很多科学家认为，副栉龙在生命的大部分时间里都生活在水边。水生植物和陆生植物都可以作为龙的食物。

恐龙知识小宝库

恐龙的皮肤

恐龙的皮肤很容易腐烂，不易形成化石保存下来，所以关于恐龙皮肤的证据非常少。但仍有一些恐龙的皮肤印痕化石被保留了下来，还有些极其珍稀的恐龙"干尸"上的皮肤保存得较好，这为我们了解恐龙的皮肤提供了宝贵的依据。

原角龙

　　原角龙生活在白垩纪晚期的亚洲地区，属于角龙科恐龙中比较原始的一类。原角龙的化石从发现到现在已经有几十具之多，而具有这样数量的，到目前为止，也只是少数的几种恐龙才能达到。原角龙的化石是于1923年的夏天，由美国自然历史博物馆组织的考察队在蒙古火焰崖附近发现的。这次发现中，最令人惊喜的莫过于原角龙的蛋化石的发现，这是人类首次挖到恐龙蛋化石。

　　原角龙的身体不过1.8米，身体较小但很结实，一般是靠四足行走，四肢短小有力，趾端长有蹄状爪，很适合在陆地上生活，尾巴较长，占了身体的一半。它的头上没有进化出角，只是在鼻骨的上面长了一个小小的突起，但是在颈部形成了一个颈盾。这个颈盾的存在是为了保护原角龙，让它在受到肉食性恐龙攻击时避免遭到被咬断脖子的致命一击。原角龙一般喜欢群居生活。

🔴 原角龙的蛋为长椭圆形，这样可防止蛋从巢穴的边缘滚落出去。

🔴 原角龙的一对大牙齿可能用于打斗和协助进食；它的尾巴，曾让科学家误认为它会游泳；强有力的四肢，说明它可以快速奔跑。

恐龙小档案

名称：原角龙
身长：1.8米
食性：植食性
生活时期：白垩纪晚期
发现地点：蒙古

🔴 伶盗龙和原角龙在一场打斗中势均力敌。伶盗龙拥有锋利的趾爪可以抓穿原角龙的皮肤，但原角龙尖锐的喙也能给对手带来致命的伤害。

尖角龙

尖角龙生活在白垩纪的晚期，身长和现代的一头亚洲象差不多，只是个子不是很高，只和一个成人的个子差不多，属于角龙类恐龙。

尖角龙具有很重的头，而且在头部的鼻骨上长有一个尖角，看起来就和现代的犀牛一样。尖角龙不但在长相上与现代犀牛很像，而且它的身体也和犀牛一样，都是很笨重粗壮的。它有着强有力的四肢，脚趾很宽，尾巴很短。只是在它的颈部多了犀牛所没有的骨质颈盾。因为尖角龙的头很重，需要强有力的肌肉来支撑，所以固定在它肌肉上的骨骼和韧带都很强健，不但支撑着腹部，还带动着尾巴和四肢运动。

尖角龙的颌部内收肌很强健，加上附在颈盾有大块的肌肉，所以它巨大的颌部能够自如地闭合，这些都是为了尖角龙能够轻松地咀嚼坚韧的植物。

🔴 这是一群尖角龙试图穿过一条河流。每年夏天，成群的尖角龙都会像图中那样向北迁徙，到气候更温和的地区。

恐龙小档案

名称：尖角龙
身长：6米
食性：植食性
生活时期：白垩纪晚期
发现地点：美国、加拿大

戟龙

　　戟龙属于角龙类恐龙，生活在白垩纪晚期，其颈部长有美丽的盾状环形的装饰物。在盾状饰物周围长着6个大小不一的长角，这些就构成了戟龙那大得吓人的颈盾，这个颈盾不但能吓住敌人，而且还能吸引异性的注意。这个颈盾一般在强壮威武的雄性身上长得壮观美丽，而在雌性的身上并不发达。因为这个颈盾看起来很像中国古代兵器中的戟，所以便形象地给它取名为戟龙。

　　和同属于角龙类恐龙的尖角龙一样，在戟龙的鼻骨上也长着一个巨大而直立的尖角。这个尖角是戟龙最厉害的武器，能够刺穿肉食性恐龙的皮肉，留下一个深深的窟窿。在戟龙的颈盾上部边缘长着许多的尖刺，远远看起来就像是很多的角，与鼻骨上的尖角一起组合起来，能够威慑住那些想要袭击它的肉食性恐龙。

　　戟龙的头颅很硕大，长有一个和鹦鹉的嘴一样弯曲的无齿喙部，这个喙部较长。它整个身体的骨架都很强健，胸廓宽大，能够让肌肉便于附在上面。四肢的骨骼很粗壮，尾巴较短，具有很典型的角龙类特征。

◀ 戟龙强健的四肢支撑起庞大的身体。戟龙的角和颈盾的骨刺像一把把利剑，是反守为攻的可怕武器。像鹦鹉一样弯曲的喙嘴，可以切割采食低矮植物的叶子。戟龙长约60厘米的鼻角，是进攻时的主要武器。

———— 戟龙

包头龙

恐龙小档案

名称：戟龙
身长：5.5米
食性：植食性
生活时期：白垩纪晚期
发现地点：美国、加拿大

三角龙

　　三角龙的样子长得很像现在的犀牛，但是体重要比其重很多，差不多是犀牛的5倍。它的身躯庞大，光头部的长度就可以和一个人的高度相当了，在它的脖子周围长有一个巨大的骨质颈盾，加上头上的两个较长的眉角和较短的鼻角，正好可以构成了一个强有力的武器，不但能够阻挡其他肉食性恐龙的攻击，很好地保护自己的安全，而且使三角龙看起来很骁勇善战，在一定程度上减少了来自其他恐龙的攻击，起到一个威慑的作用。其实三角龙是一种很温驯的植食性恐龙，身上的尖角只是它的防御工具，一般从不主动攻击其他动物。

　　光是看三角龙的体型，我们会觉得它的动作应该很笨拙，其实不然，这只是它的表面现象，当三角龙撒开四肢奔跑的时候，速度还是相当快的。

坚硬而厚实的颈盾是保护自己的绝佳"盾牌"。

长在鼻头上的短而锋利的鼻角。

恐龙小档案

名称：三角龙
身长：8米
食性：植食性
生活时期：白垩纪晚期
发现地点：加拿大、美国

长长的眉角和鼻角组成了三把"利剑"，也是向敌人发起攻击的"矛"。

别看它四肢粗壮笨重，但奔跑速度一点儿也不逊色。

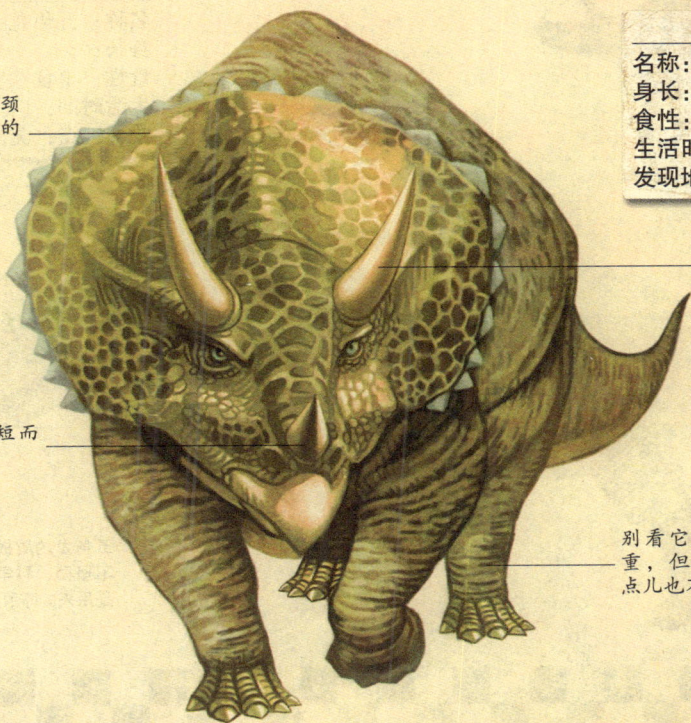

五角龙

　　五角龙生活在距今约7500万~7300万年前的白垩纪晚期，生活地点是在今天的美国南部新墨西哥州，属于较大型的植食性恐龙。

　　之所以把这种恐龙叫做五角龙，是因为古生物学家在最初的研究中把它的眼睛下、后颊的两个骨质突起也当成了角，认为它一共长有5只角。这个名字和它是很不相符的，因为五角龙实际上只长有3只角，分别是它鼻子上长有的一个鼻角和眉拱上的一对眉角。

　　五角龙的外观和开角龙很相似，只是体形要比开角龙大许多，而且还拥有着比开角龙更让人叹为观止的颈部盾板。这个颈盾很高大，边缘点缀着一列呈三角形的小突角，看起来很是威武雄壮。为了支撑其这个沉重的颈盾，它的颈椎都是紧缩在一起的，这就有承受这份重量的承受力了。

🔺 五角龙与人对比图

恐龙小档案

名称：五角龙
身长：8米
食性：植食性
生活时期：白垩纪晚期
发现地点：美国

五角龙的尾巴很短，末端很尖。

🔺 五角龙的盾板是中空的，并不坚固，科学家认为它也许是用来威吓敌人的。

盔龙

　　盔龙是一种植食性的恐龙，它身长大约9米，经常活跃在针叶林和灌木丛中。盔龙的头部长着一个中空的头冠，它们经常用来展示自己或者吓唬敌人。而它们头冠的大小是不相等的，一般来说，年轻和雌性的盔龙头冠都比较小，而雄性的头冠相对较大，并且成年的雄性盔龙还会用变换头冠颜色的方式来吸引异性。

　　盔龙的嘴巴很特别，前部没有什么牙齿，但后部却有上百颗颊齿。从现已发现的盔龙表皮化石来看，它的脸上可能长着像青蛙一样的皮囊，能够鼓起来发出声音，用以传递报警信号和吸引异性等。

　　盔龙的前肢较为短小，因此它是靠后肢来行走的，又粗又长的尾巴能够用来保持身体的平衡。从目前的化石资料来看，盔龙的指尖都长着钝而大的爪子，它的爪子并不能起到抵御敌人的作用，所以，性情温和的盔龙只能利用敏锐的听觉和视觉来预防不测。

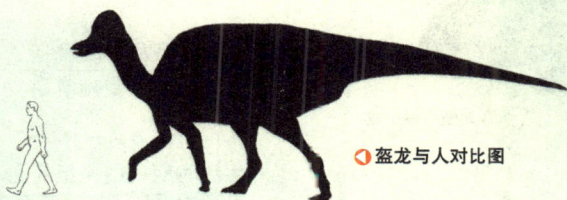

◀ 盔龙与人对比图

盔龙头饰的大小与年龄和性别有关，较年幼的盔龙几乎没有头饰，而成年雄性的则最大。

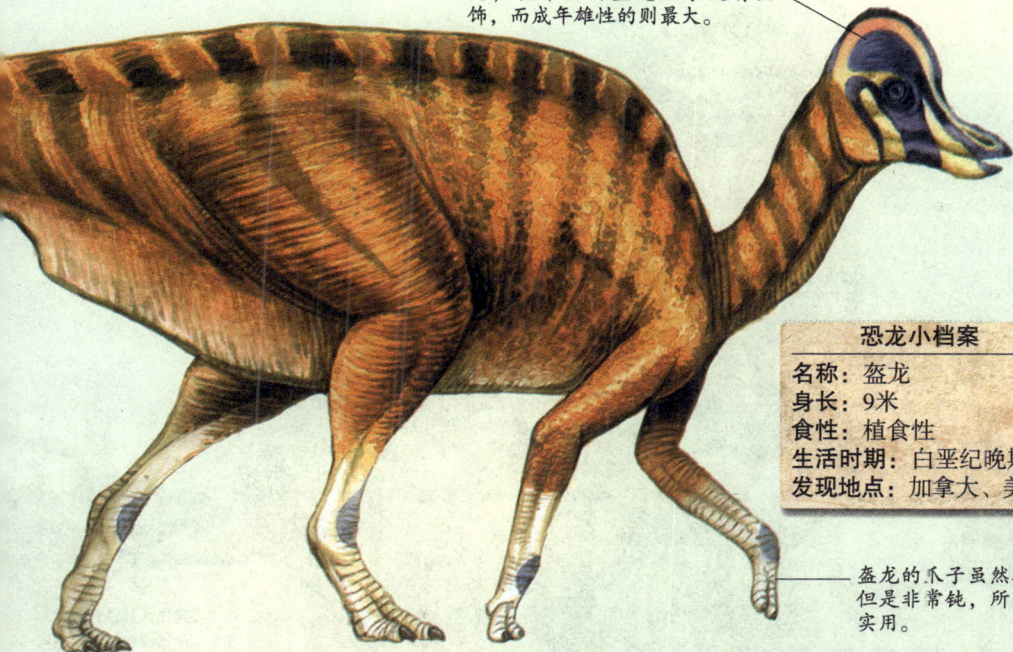

恐龙小档案

名称：盔龙
身长：9米
食性：植食性
生活时期：白垩纪晚期
发现地点：加拿大、美国

盔龙的爪子虽然很大，但是非常钝，所以并不实用。

埃德蒙顿甲龙

埃德蒙顿甲龙的体长7米，体重约为4吨，这相当于犀牛的两倍，体格也比现代最大的犀牛要健壮。它的头很小，整个身体从头部往臀部越来越宽，身体上还披着一层重重的钉状和块状的甲板，而且在它的头骨和颈部上也有骨板，这些骨板从颈部前段延伸到肩部总共有三排，最后的两块骨板是三排颈部骨板中最大的，这些骨板的表面可能包着一层角质。所以骨板就像是坚硬的盾牌围护在柔软的颈部上。当其他肉食性恐龙用尖牙咬住埃德蒙顿甲龙的颈部时，这个盾牌就提供了有效的防护作用。

虽然它比大多数鸟臀目恐龙要进化快得多，但是它的牙齿却比较原始。它的嘴里只有一排颊齿，且这些牙齿之间互不相连，从正面来看的话，颊齿上面就像是一片大的叶子，中间还有脊状突起，牙齿上面有牙釉质保护，能够抗磨损。

◀ 埃德蒙顿甲龙

恐龙小档案	
名称：	埃德蒙顿甲龙
身长：	7米
食性：	植食性
生活时期：	白垩纪晚期
发现地点：	美国、加拿大

🔺 棘龙在袭击埃德蒙顿甲龙，而覆甲的埃德蒙顿甲龙正用尾巴末端的骨锤反击。

蜥结龙

蜥结龙是甲龙类恐龙中较早出现的，也是其中最为原始的成员之一，生活在白垩纪早期，生活的区域应该是今天的北美洲地区，是一种性情比较温和的植食性恐龙。

蜥结龙的体型较大，身长接近5米，从头颅到尾尖长有一列锯齿状的背脊，整个背部还有多排平行骨突，就像是在身上套上了轻型装甲，为它提供了很有力的保护。在遇到其他动物袭击时，它就会卷起身体，把骨甲朝外，像棱背龙一样形成一个刺球。据此推测，蜥结龙奔跑速度不是很快，是一种不善于奔跑的恐龙。它的头颅呈三角形，至口鼻部逐渐变尖。头顶很厚，由平坦的骨质骨板所覆盖，因此它的头顶显得很

◀ 蜥结龙

平坦。蜥结龙的身躯较为庞大，靠像柱子一样粗壮的四肢来支撑它的重量，尾巴很细，末端也没有尾锤。

和其他的甲龙类恐龙一样，蜥结龙也不具有攻击性，这种四足的植食性恐龙在进食的时候，习惯用嘴去啃食低处的植物。它的上下颌拥有着叶状的牙齿，可以很轻松地切断植物。

敏迷龙

　　敏迷龙又叫珉米龙，从发现的骨骼化石推测，它应该是生活在距今1.19亿~1.13亿年前的白垩纪早期，是一种植食性恐龙。

　　从敏迷龙头部的侧面看，其头与乌龟的头有点像，从前面到后面逐渐变宽，前段有角状的喙嘴，身体的各个部位几乎都被甲片覆盖着，在它的背上还长有许多的像瘤子一样的鳞甲，这些鳞甲能够很好地保护它的背部。围在它脖子周围的骨甲比背上的骨甲大许多。敏迷龙覆满全身的骨甲，不但保护着极容易受到攻击的脖子和背部，还保护着它柔软的肚子及四肢。敏迷龙的牙齿呈叶状，很适合啃食植物，是一种靠四足行走的恐龙。

　　敏迷龙虽然有全身的骨甲做保护，但是不会主动攻击其他动物。在被敌人攻击时，它不会主动反击，也不会快速地逃跑，只会找个地方躲起来，进行消极抵抗。即使是这样的情况，不少的肉食性恐龙虽然对它虎视眈眈，但因它身上长有坚甲，在准备攻击的时候也是要慎重地考虑一下的。

◀敏迷龙

◑敏迷龙与人对比图

恐龙小档案

名称：敏迷龙
身长：2米
食性：植食性
生活时期：白垩纪早期
发现地点：澳大利亚

◑敏迷龙有1米高

结节龙

结节龙生活在白垩纪的晚期，距今有6500万~7000万年，是结节龙类恐龙的典型代表，属于甲龙的一类。

结节龙的头部较小，四肢很粗壮，身体滚圆。与其他恐龙不一样的是它身上的骨甲，可以说这是它区别于其他恐龙的最大特征。它浑身上下的甲片占据了整个身体的重要位置，这些骨甲不是竖立的骨板，而是宽且平的骨质甲片，密布在整个身体的表面，冒起的小小骨突使它看起来就像是披了一张瘤状的骨板盔甲，把结节龙包裹得很严实，起到了很好的保护作用。

结节龙靠四肢行走，前肢和后肢的长度基本一样，脚部宽而短，整个四肢和躯体都比较结实，这样才能够支撑得住浑身上下的甲片的重量，尾巴末端没有尾锤。结节龙的嘴里没有利齿，它主要以植物的嫩叶和根茎为食，一般喜欢独自生活。

🔺 结节龙与人对比图

恐龙小档案

名称：结节龙
身长：5米
食性：植食性
生活时期：白垩纪晚期
发现地点：北美洲

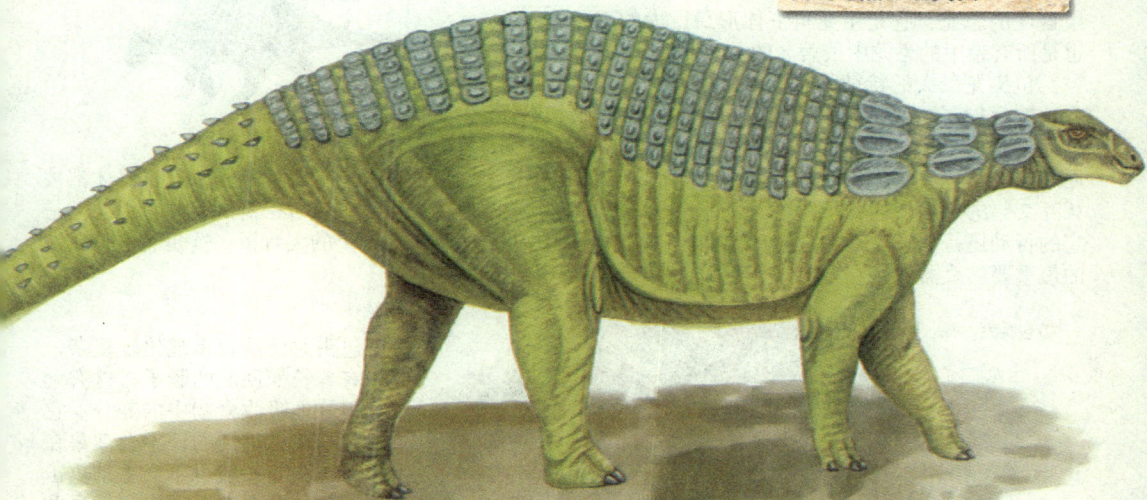

骨刺和突起增加
了额外的防护。

宽阔的嘴用来吃蕨
类植物和低矮的其
他植物。

包头龙

　　包头龙又叫优头甲龙，生活在白垩纪的晚期，属于植食性的恐龙，它是甲龙科下体形最巨大的恐龙之一，也是所有带甲的恐龙中最著名的。

　　包头龙最大的特征是它的甲片对整个头部做到了全方位的保护，这些骨质甲片不但包裹住了整个脑袋，而且还把整个的眼睑也包裹住了，它的名字也是根据这个原因取的。包头龙体长6~7米，约有2吨重，四肢比较短小，上面都长有像蹄的爪子，整个身体都被相互交错的、扁形的骨板覆盖着，就像是装上了装甲带的坦克。虽然覆盖着一身的坚硬骨甲，但是它的行动还是比较灵活的。包头龙的尾巴比较硬，尾尖上还有一个沉重的大骨锤，这是它击打敌人的最重要的武器。

🔺包头龙与人对比

🔻包头龙

　　包头龙的消化系统比较复杂，应该有着长而回旋的肠子，这有利于它很好地吸收食物中的养分。它一般都是单独生活的，不会聚集在一起。包头龙一般也不会主动攻击其他动物，只有在遇到肉食性恐龙的袭击时，为了自保才会挥动它沉重的尾锤进行防卫。

厚板龙

　　厚板龙又叫绘龙，生活距今约8000~7500万年前的白垩纪晚期，属于植食性恐龙，是甲龙的一种。其化石发掘于中国的北部和蒙古国，于1993年被命名。

　　厚板龙体长约有5米，是一种比较轻型的、中等大小的甲龙，但是身形要比一般的甲龙显得细长，拥有着长长的尾巴。尾巴末端有骨锤，可以在遇到危险的时候作为武器防身。

　　从发现的骨骼化石来看，它的牙齿比较小，也不是很尖锐，所以推测它只能吃一些柔软的植物。

恐龙小档案

名称：厚板龙
身长：5米
食性：植食性
生活时期：白垩纪晚期
发现地点：中国、蒙古

特暴龙

　　特暴龙生活在白垩纪晚期，距今大约有7000万~6500万年，它的化石被发现于中国和蒙古。经研究发现，特暴龙与北美洲的霸王龙十分相似，应该是霸王龙的近亲，属于肉食性兽脚类恐龙的一种。

　　特暴龙的身形比它的近亲——霸王龙要小一些，身长在9~12米之间，是特大型暴龙科动物之一。特暴龙的脑袋十分硕大，但因为头骨里有很多的空间，这样特暴龙的头的重量就要轻很多，和它自身的体型相比，头就显得更轻了。它的牙齿十分锋利，能够轻而易举地咬碎其他动物坚硬的骨骼。前腿较短，小的脚趾上却长有锋利的脚趾甲，强有力的后腿也有4个脚趾，如果用它的腿来踩踏猎物，猎物多半会被踩踏死。特暴龙的尾巴不但长而且很重，可以用来平衡头部与胸部的重量，将全身的重量集中在臀部。

⬢ 特暴龙与人对比图

　　特暴龙的性格相当暴躁，而且十分强悍，就是与它同时代的恐龙都惧怕它三分，它一般以鸭嘴龙类和角龙类恐龙为食。

⬢ 特暴龙

剑角龙

剑角龙头骨化石

剑角龙生活在白垩纪晚期，生活区域应该是现在的美国和加拿大，是肿头龙类恐龙的一种。

剑角龙的体长在2米左右，高1.5米，前肢较短，后肢较长，还有一条长长的用来保持身体平衡的尾巴。从它的骨骼化石来看，盆骨上的耻骨长而低，在骨盆的上方有6到8块相互愈合的脊椎，这些脊椎被骨腱紧紧地连在一起，这样既可以加强骨骼的冲力，又能起到减少骨骼震动的作用。它的头稍微向下倾斜，与自己的脊柱形成了一个适当的角度，很利于它的冲刺。剑角龙的这种身体结构很符合身体撞击的力学要求。除此之外，剑角龙还像其他的肿头龙类恐龙一样长有又厚又圆的头盖骨，这是它用来进行自卫的武器。

因为它的头部很适合冲刺，所以在受到敌人的攻击、到了走投无路的时候，它就会用头拼命地向敌人撞去，巨大的冲撞很容易让对方受到重创。在剑角龙群体中，雄性剑角龙的骨质特别厚。它们一般都是成群结队地生活，由其中决斗获胜的雄性剑角龙充当首领。

恐龙小档案

名称：剑角龙
身长：2米
食性：植食性
生活时期：白垩纪晚期
发现地点：美国、加拿大

冥河龙

🔺冥河龙头骨化石

冥河龙是一种温和的植食性恐龙，生活在白垩纪晚期的北美洲大陆上，是肿头龙大家族的一员，相貌很怪异。

冥河龙的头部有一个坚硬的圆形顶骨，而且头颅骨板非常厚实，厚实的头颅骨板证明了冥河龙是肿头龙类恐龙中比较进步的种类。它的头部周围长满了十分锐利的尖刺，而且不光是在头颅的顶部，在它的后部与口鼻部也长有非常发达的骨板和棘状部，这些特征让冥河龙看起来既像羊又像鹿。有科学家认为，冥河龙的头颅圆顶可以承受得住非常猛烈的冲撞，尖刺也可以用来与对方相互冲撞，而这些圆顶和尖刺在冥河龙群体的争斗中也应该是最有力的武器，而另有科学家认为，这些特征纯粹只是装饰而已，只是在繁殖季节里用来吸引异性。

冥河龙因为自己的头颅骨板非常厚实，所以一般都是用互相碰撞头部的斗争方式来争夺异性，或者是决出领袖。

🔺冥河龙与人对比图

恐龙小档案

名称：冥河龙
身长：2.4米
食性：植食性
生活时期：白垩纪晚期
发现地点：北美洲大陆

细长的尾巴。

冥河龙的前肢短小，但后肢比较发达。

豪勇龙

　　豪勇龙生活在白垩纪的早期，其生活地点是在今天的非洲，属于鸟脚类植食性恐龙，有的时候是靠后肢行走，有的时候是用四足行走的。

　　豪勇龙的体长约为7米，它具有细长的头，这从发掘的骨骼化石就能看出。嘴喙里没有牙齿，身上具有禽龙的一些特征，包括后肢比前肢要长，而且也更健壮，手指和脚趾上都长有爪子，爪子呈蹄状，拇指上长有尖刺等。除了带有禽龙的某些特征外，豪勇龙也有自己的一些独特的特征，它的眼睛上方有一个低矮的隆起，嘴喙和鸭嘴龙类的嘴喙很相似，而且背上有一个从肩一直到尾巴的大帆。这个大帆应该是用来调节体温的，古生物学家认为，豪勇龙生活的地方气候条件不是很好，白天又干又热，而到了晚上却又很冷，这就需要它的大帆在有太阳的时候把能量聚集起来，等到太阳落山，气温降低的时候，又把热量散发出来温暖它的身体。

◀ 豪勇龙

恐龙小档案

名称：**豪勇龙**
身长：**7米**
食性：**植食性**
生活时期：**白垩纪早期**
发现地点：**非洲**

萨尔塔龙

　　萨尔塔龙是生活在白垩纪末期的蜥脚类恐龙，在这个时期，蜥脚类恐龙早已经衰退了，但是生活在南美洲的萨尔塔龙却幸运地生存了下来。它是在1980年被阿根廷古生物学家鉴定出来的。

　　萨尔塔龙的外形和雷龙有点像，身长12米，这要比一般大型蜥脚类恐龙要小很多，也更容易受到肉食性恐龙的袭击。古生物学家通过对萨尔塔龙的皮肤印记化石研究得出，它的身上也有坚甲，这就打破了只有鸟臀目恐龙才有坚甲的认识，像它这样的蜥脚类恐龙也能有。古生物学家还推测它的皮肤很可能是坑坑洼洼的，拳头大小、圆圆的骨质甲板就像是一颗颗的大豆子镶嵌在皮肤上，中间还有许多的坚硬小豆子，紧凑地排列使它的皮肤更加坚韧。

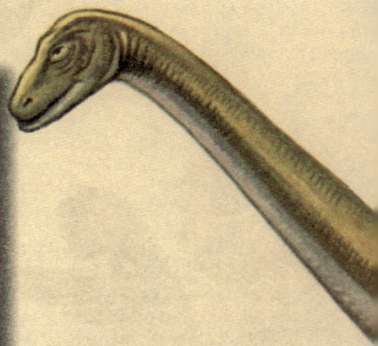

切齿龙

切齿龙生存于白垩纪早期，是一种于2002年在中国发现的长相奇怪的恐龙，而且还是迄今为止发现的最原始的窃蛋龙类。它因为长有两颗怪异的大门牙而被命名为"切齿龙"，含义为"长门牙的蜥蜴"。除此之外，它还长着小型、枪尖型的颊齿，有着很大的咀嚼面，类似于人类的白齿。

切齿龙的牙齿特征很独特，在兽脚类恐龙中首次被发现。通过牙齿的特征，古生物学家推断它的牙齿不像一般肉食性恐龙的用来切割肉类的尖刃状牙齿，如齿龙应该属于植食性动物。

恐龙小档案
名称：切齿龙
身长：2米
食性：植食性
生活时期：白垩纪早期
发现地点：中国辽宁

南极龙

南极龙生活在白垩纪晚期，其活动的区域是在今天的南美洲地区，是泰坦巨龙类下的一个属，属于植食性恐龙。南极龙的化石于1916年首次被描述，但是到了1929年才被正式命名，到现在也没有一个完整的骨骼化石，所以很多的特征都有待人们去判断。

南极龙的肩膀高达5米，身长达到了18米，体形非常巨大，是一种大型的恐龙，有着长长的脖子和尾巴，身上可能长有鳞甲。

恐龙小档案
名称：南极龙
身长：约为5米
食性：植食性
生活时期：白垩纪晚期
发现地点：南美洲

双角龙

⬤ 双角龙

双角龙生活在白垩纪晚期的北美洲地区，其化石是于1995年在美国的怀俄明州发现的，是角龙亚科恐龙的一属，属于植食性恐龙。

双角龙的骨骼化石被发现的只有一具头颅骨，一开始被误认为是三角龙的一种，后来经过研究认为它应该是一个独立的属。从头颅骨的表面上看，双角龙类似三角龙，但是仔细研究后发现它身上有一些很奇特的特征，比如它的鼻端上只有一个圆形的隆起部位，而在枕骨上的额角却都是笔直的，而且与其他的三角龙头颅骨相比，双角龙的要大一些，但是面部要短一些，还有双角龙的头盾有大型的洞孔，科学家猜测，它的有些特征可能是因病变造成的，有些则是遗传的。

和所有的角龙类恐龙一样，双角龙也是植食性恐龙。它的食物主要是蕨类、苏铁、针叶树，它们进食的时候是使用喙状的嘴咬下树叶或针叶的。

⬤ 双角龙与人对比图

南方盗龙

南方盗龙生活在距今7000万年前的白垩纪**晚期**，其生活的区域是在今天的阿根廷地区。南方盗龙的**骨骼化石**是在阿根廷里奥内格罗省发现的，是一种大型的**驰龙类恐龙**，也是目前在南半球发现的最大型驰龙类恐龙。

南方盗龙的体长大约是5米，头骨的形状较长，约有80厘米长，前肢十分短小，按其身体比例来看，**短小的前肢能够与暴龙相比较**。目前发现的南方盗龙化石并不完整，但是还是能从骨骼化石中看出它与其他的盗龙有不同的特征，比如南方盗龙的头骨形状较长，头骨上**还带有一些类似伤齿龙科的特征，肱骨只有股骨的一半长**。南方盗龙的牙齿呈圆锥状，没有锯齿状的边缘，这个特征和棘龙科很相似。

恐龙小档案

名称：南方盗龙
身长：约为5米
食性：肉食性
生活时期：白垩纪晚期
发现地点：阿根廷

133

阿根廷龙

　　阿根廷龙生活在距今约有1亿年前的白垩纪中期，其活动的范围是在今天的南美洲地区，它的化石是在阿根廷的内乌肯省发现的，是蜥脚类恐龙，是一种大型的植食性恐龙。根据研究得到的数据，阿根廷龙很可能是在地球上生活过的体型最巨大的陆地动物。

　　阿根廷龙体长应该在40米以上，体重在90~100吨之间，但因为发现的骨骼化石不是很完整，所以有很多的特征还没有一个较为确切的说明。

❂南方巨兽龙成群结队地外出捕食，袭击庞大的猎物。

阿根廷龙的天敌是南方巨兽龙

恐龙小档案

名称：阿根廷龙
身长：40~42米
食性：植食性
生活时期：白垩纪中期
发现地点：阿根廷

阿根廷龙的脊椎有
1.5米高，1.1米宽。

雷利诺龙

雷利诺龙生活在距今1.06亿年前的白垩纪早期，属于鸟脚类中的棱齿龙类。它们一般身长2~3米，体重约10千克。

根据它的骨头结构显示，古生物学家推测它们很可能是可以控制体温的恒温动物。它们的胸部有大型视叶，脑部结构也显示它们有着很大的眼睛，这足以说明它们的视力很好。

雷利诺龙具有喙，下颌骨有12颗牙齿，少于一般棱齿龙类的14颗，所以古生物学家推测它们的面孔可能比较短。它们长有5指手掌，可以非常灵活地用来取食蕨类和其他的植物。它们的下肢很强健，可以让它们快速奔跑，从而逃避一些肉食性动物的追捕。

除此之外，研究还显示，雷利诺龙很可能是群居动物，有助于它们进行自我保护和猎食。

🔸 雷利诺龙成群出没，它们长有僵直的尾巴帮助它们保持两腿的平衡。

恐龙小档案

名称：雷利诺龙
身长：2米
食性：植食性
生活时期：白垩纪早期
发现地点：澳大利亚

▶ 雷利诺龙

阿尔伯脱龙

　　阿尔伯脱龙，又叫艾伯塔龙，是兽脚亚目暴龙科的成员。因出土于加拿大的艾伯塔而得名。它生活在7000万~7500万年前的北美洲。第一块阿尔伯脱龙化石是头颅，在艾伯塔省被人发现，它因此得名。从那时候起，科学家数次发现了埋在一起的阿尔伯脱龙化石，说明它们很可能成群出没，甚至成群地捕食。

　　阿尔伯脱龙体形较小，头却很大，是暴龙的近亲。它的腿部很长，古生物学家由此判断它可能跑得很快。

恐龙小档案

名称：阿尔伯脱龙
身长：8~9米
食性：肉食性
生活时期：白垩纪
发现地点：北美

◐阿尔伯脱龙生有特别巨大的头骨，比其他暴龙的头骨更深更宽。

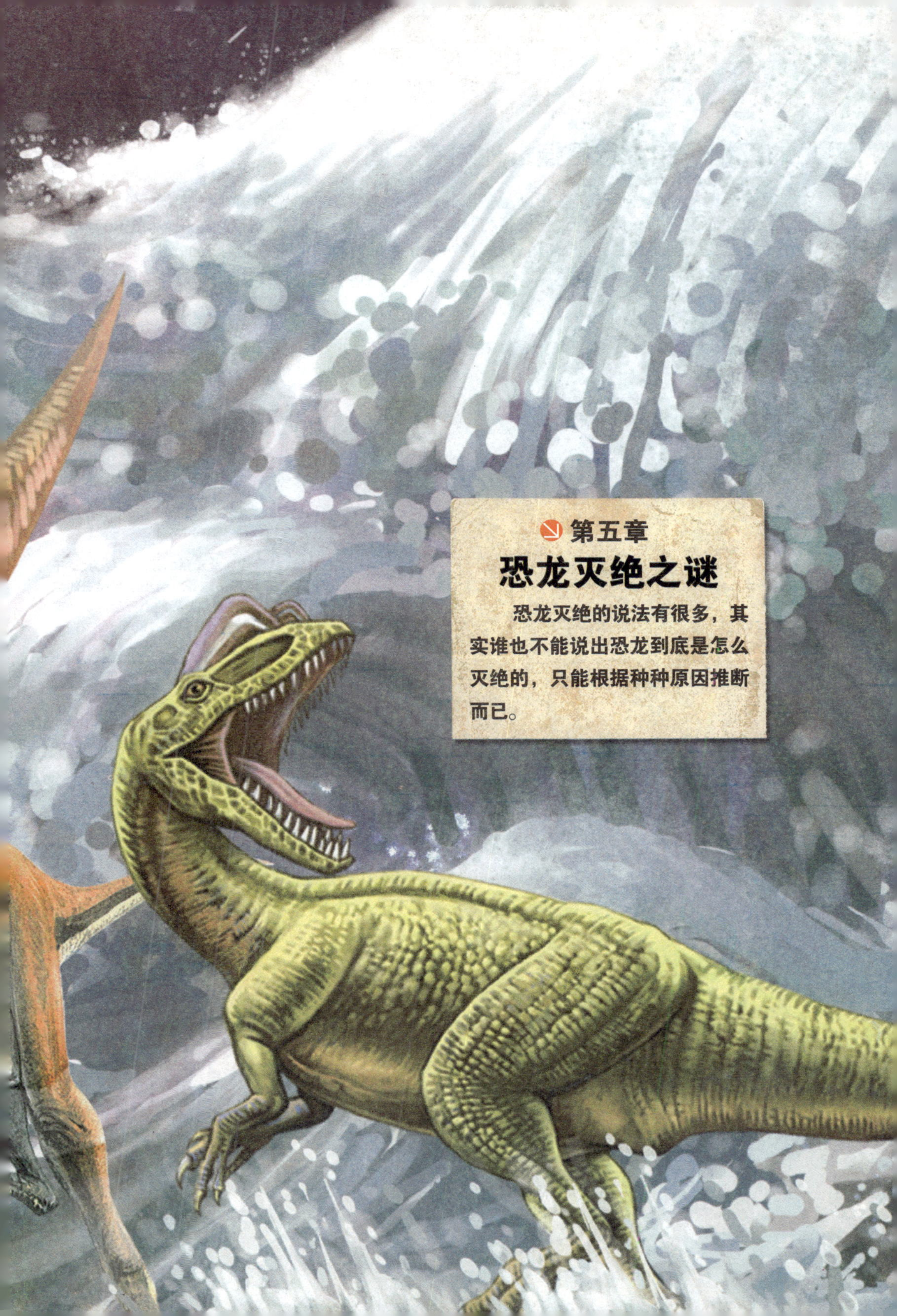

第五章

恐龙灭绝之谜

恐龙灭绝的说法有很多，其实谁也不能说出恐龙到底是怎么灭绝的，只能根据种种原因推断而已。

恐龙的灭绝真和小行星撞击地球有关吗

　　关于恐龙灭绝的原因，人们仍在不断地猜测和研究之中。1977年，美国地质学家阿尔瓦雷兹等人提出了导致恐龙灭绝的天体碰撞说，被认为是最权威的观点。他们认为恐龙的灭绝和6500万年前的一颗小行星有关。据研究，当时曾有一颗直径7~10千米的小行星坠落在地球表面，引起一场大爆炸，把大量的尘埃抛入大气层，形成遮天蔽日的尘雾，导致植物的光合作用暂时停止，恐龙因此而灭绝了。

◀这个在美国亚利桑那州的陨坑直径为1.2千米，有170米深。这是一颗小陨星撞击的结果。然而，"K-T"分界的小行星撞击地球表面形成的陨坑，直径应在180千米左右。

　　小行星撞击理论一经提出，很快就获得了许多科学家的支持，1991年，在墨西哥的尤卡坦半岛发现了一个发生在久远年代的陨星撞击坑，这个事实进一步证实了这种观点。然后也有许多人对这种小行星撞击论持怀疑态度，因为事实是：蛙类、鳄鱼以及其他许多对气温很敏感的动物都经历白垩纪时期却顽强地生存下来了。这种理论无法解释为什么只有恐龙灭绝了，而其他的动物却得以生存下来。迄今为止，科学家们提出的对于恐龙灭绝原因的假想已不下十几种，而"陨星碰撞说"也不过是其中之一而已。

▶这幅图描绘了小行星撞击地球时可能发生的现象。它会在坠入地球大气层的过程中燃烧起来，发现炽烈的火光。

气候变化假说

从三叠纪到侏罗纪，恐龙都是这个世界的霸主。它们占据了海、陆、空三度空间的各个领域，这说明当时地球上的自然环境都极其适宜于恐龙的生存和繁衍。然而，恐龙的灭绝引起了科学家们的种种猜测，其中，气候变迁的因素似乎更令人信服。

从地球的发展史我们可以知道，地球上的大陆板块在中生代早期二叠纪时都是连在一起的，后来因为地球板块运动，各大陆板块之间不断地分离，它们周边的海域也在不断地变化，这样的变化造成了许多生物生态空间的改变、缩小或者消失。当联合古大陆逐渐靠近赤道，气候就变得

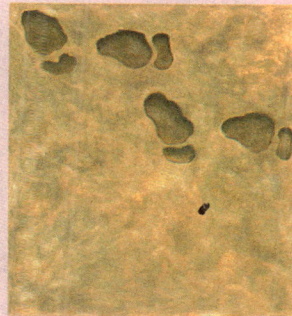

◁ 恐龙足迹化石

干旱而炎热，许多湖泊、河流被蒸干或缩小，恐龙也很快丧失了栖息的乐园，不得不拥挤在少数的湖泊里。它们一方面必须整天不停地觅食，以维持生命，另一方面要依赖于水体来支撑笨重的身体（减轻重力），唯一的办法就是成天"泡"在水中才行。恐龙属于冷血动物，要靠外部的气候来调节体温，天气过于干旱炎热与寒冷都不利于恐龙生存。所以最终因为气候的改变导致了恐龙的灭绝。

▷ 恐龙灭绝的另一种解释是地球上的气温突然变冷，恐龙无法适应，而哺乳类、鱼类、蛇、蜥蜴等动物都有可以调节自身温度使之适应变化的身体机能，故能存活至今。

恐龙是火山爆发灭绝的吗

　　恐龙自6500万年前灭绝以来，人们就有很多有关它灭绝的猜测，这其中比较出名的一个说法就是火山的爆发导致了恐龙的灭绝。

　　持"恐龙是火山爆发灭绝"观点的科学家们认为，在6500万年前的地球上，火山活动十分活跃，它们大规模地、持久地爆发，向空中喷发大量的火山灰、二氧化碳和硫酸盐，产生的有害气体影响了地球的环境，导致了天气变热，臭氧层被破坏。骤然变热的气候让恐龙这种冷血动物很难适

▲夏威夷的火山喷发出蔓延数千米的熔岩流。类似这样的白垩纪末期的火山大爆发可能为当时的生物带来了浩劫。

应，加之火山爆发引发的造地活动，使得陆地面积缩小，适宜恐龙生存的环境被破坏。在失去了赖以生存的环境以后，恐龙就只能遭受灭绝的命运了，渐渐地，恐龙就从地球上永远地消失了。

　　当然，也有人出来反对这种观点。反对者认为：火山爆发只会引发某一个地区的恐龙死亡，而不能够毁灭地球上所有的恐龙。地质史上有过很多次的大规模火山爆发，但是它们与恐龙灭绝的地质时代并不相符，所以恐龙灭绝根本不是火山爆发引起的。

▲大约在恐龙灭绝的时期，火山爆发十分剧烈而频繁。

海啸加速灭亡假说

对于人们而言，最熟悉的一种"恐龙灭绝论"莫过于是小行星与地球撞击造成的。但是，新的地质学记录表明，这次相撞仅仅是一个开始，最终导致恐龙完全灭绝的，是这次撞击引发的一次巨大的海啸。

6500万年前，一颗小行星与地球相撞，这次撞击不但在地球上形成了巨大的爆炸，还引发了一场席卷整个地球的巨大的海啸。这次海啸致使高达150米的巨浪冲上岸边，席卷了离岸300多公里的内陆。

这对于生活在这个时期的恐龙无疑是致命的打击，它们不但要面对大爆炸产生的高温气候，还要遭受巨浪的侵蚀。在这样双重的灾难下，不仅导致了海洋生物的灭顶之灾，也导致了陆地上的生物遭受了前所未有的灾难，这其中当然也包括地球的霸主——恐龙。

科学家在墨西哥靠近圣·罗萨利奥的海岸峡谷发现了大海啸的证据。但是恐龙的灭绝是不是就真的与这次海啸有关呢？这个问题还需要时间去论证。

△ 海啸

超新星是恐龙的掘墓者吗

关于恐龙灭绝的原因众说纷纭，却至今依然没有最终定论，这似乎成了一个永久的迷，很多科学家都致力于找出其中的真相。1957年，苏联的科学家克拉索夫斯基提出了恐龙死于超新星爆炸的假说，他认为恐龙突然灭绝就是拜超新星的高能辐射所赐。

超新星是恒星的一种，但它极其不稳定，它能在很短的时间内增加几千万倍甚至几亿倍的亮度，同时释放的高能量便会致使自身产生爆炸并产生高能辐射。这些辐射能够破坏生物的基因，导致其不能正常繁殖或立刻病变死亡，同时还会引起强烈的气候变化，造成严重的自然灾害，这些都足以让恐龙灭绝。

至今已有多种迹象表明确实存在超新星爆炸使恐龙灭绝的可能性，如20世纪70年代，科学家在意大利古比奥白垩纪末的黏土层中就发现了高出正常含量几十倍的稀有元素铱，这很有可能就是超新星爆炸形成的。

◀ 超新星爆发

恐龙死于窝内假说

有关恐龙的灭绝，还流行着恐龙是死于窝内的假说。这种理论认为，恐龙灭绝是由于大量的恐龙蛋未能正常孵化所致。但是这些恐龙蛋不能正常孵化的原因是什么呢？对此，科学家们给出了几种说法。

有的人主张火山说，认为火山活动会把深藏于地心的稀有元素硒释放出来，少量的硒是有益身体健康的，但过量的硒却是有毒的。正是火山的爆发导致生活在附近地区的恐龙不可避免地吸入过量的硒元素，从而影响后代繁殖。而对于正在成长的恐龙胚胎来说，硒是毒性很强的元素，只要一丁点儿就会把胚胎杀死。在法国发现的白垩纪的蜥脚类恐龙的蛋壳内就含有较多的硒，而且越靠近火山爆发群的交界处的恐龙蛋壳内硒的含量越高，于是孵化的失败率也就越高，丹麦哥本哈根大学的汉斯·汉森教授曾做过这方面的研究。

◀ 原角龙蛋和原角龙骨骼化石

过去曾经有一种说法，认为恐龙灭绝的原因之一是由窃蛋龙或哺乳动物打破了恐龙蛋，偷吃了蛋中的营养物质而致使其不能繁殖而灭亡。现在已经给窃蛋龙"平了反"，因为它的尖嘴是用来吃坚果的。这种恐龙是孵蛋的，而不是偷蛋的。事实证明，吃蛋的动物从来不会把为它们提供食物的物种斩尽杀绝。所以白垩纪的哺乳类即使是吃恐龙蛋的，也不会违背上述生态学规律。

恐龙是被"烤"死的

🔺 小行星撞向墨西哥湾

美国科学家最近提出一种新理论，为恐龙的灭绝描绘出如下图景：6500万年前一颗小行星剧烈地撞击到如今的墨西哥湾地区，致使埋藏在海底的甲烷被大量释放，甲烷燃烧产生熊熊大火，最终将恐龙活活"烤"死。

据英国《新科学家》杂志报道，美国华盛顿海军研究所一个科研小组的负责人赫德尔在接受该刊采访时说，在6500万年前的白垩纪，海平面500米以下的沉积层中所含的腐败植物产生出大量甲烷，小行星撞击地球时，产生的巨大冲击波传遍全球，导致蕴藏在沉积层中的甲烷进入大气。富含甲烷的大气有可能在闪电的触发下被点燃，引起漫天大火，导致恐龙灭绝。研究人员称，在美国佛罗里达海岸外，曾在海底发现裂解的白垩纪晚期沉积层。他们认为，这种裂解很可能是甲烷释放的结果，因而可为新理论提供佐证。

是植物杀害了恐龙吗

关于恐龙灭绝的原因，我国的科学家提出了一个截然不同的观点，他们认为是植物导致了恐龙的灭绝。这种观点的提出是源自他们对部分恐龙化石的化学分析，发现了植物杀害这种史前动物的证据。

我国科学家选取分别埋藏在四川盆地中部、北部和南部的侏罗纪不同时代的50多具恐龙骨骼化石样本进行了中子活化分析，发现恐龙骨骼化石中砷、铬等微量元素的含量明显

🔺 恐龙化石

偏高。科学家们猜测其灭亡有可能是因恐龙生前食用过多含有砷、铬的微量元素的植物造成的。由于恐龙的新陈代谢作用，使得砷、铬沉淀在其骨骼中。而这个推论也在对恐龙化石埋藏地的植物化石研究中得到证实。研究表明，植物化石中的砷含量也非常高，砷就是人们俗称的砒霜。此外，科学家们还在对其他地区的恐龙蛋进行化学分析时也发现了微量元素的异常，推测这很可能与母体摄入有毒食物有关系。

恐龙之最

最长的恐龙——地震龙
牙齿最多的恐龙——鸭嘴龙类恐龙
脖子最长的恐龙——马门溪龙
最大的肉食性恐龙——南方巨兽龙
尾巴最长的恐龙——梁龙
爪子最大的恐龙——镰刀龙
头最大的恐龙——五角龙
奔跑速度最快的恐龙——鸸鹋龙

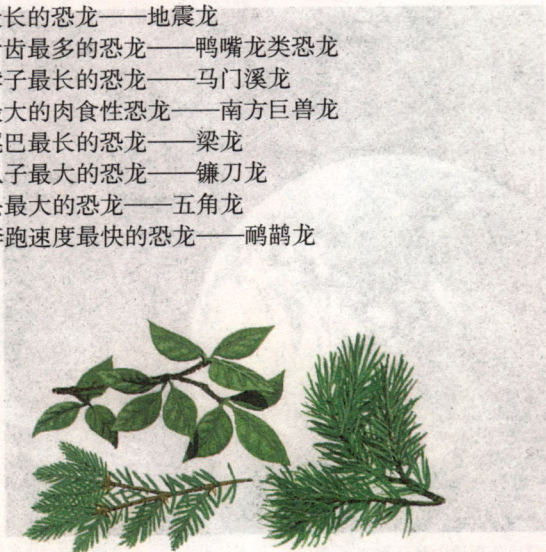

最早的恐龙——始盗龙
最小的成年恐龙——小盗龙
最早有名字的恐龙——斑龙
最消极抵抗的恐龙——敏迷龙
大脑最小的恐龙——剑龙
最望而生畏的恐龙——霸王龙
最大、最完整的恐龙化石——腕龙
最小的恐龙骨架——鼠龙

恐龙的惊人事实（一）

　　恐龙是令人惊奇的动物，包括自地球形成以来最强壮、最庞大和最凶猛的陆生动物。以下是一些关于它们的有趣事实。

　　在大型兽脚类恐龙头骨上发现的伤痕告诉我们，它们互相厮打的时候会撕咬对方的脸部。

　　暴龙拥有所有恐龙中最大的咬力：大约是成年狮子咬力的3倍，人类的20倍。

　　科学家计算得到，体重超过200吨的动物会因为太重而不能移动，最重的恐龙也许会比这个重量稍轻一点。

　　蜥脚类易碎双腔龙被认为是生物史上最大的陆地动物，它大约有60米长。但是，这些都只是从一块不完整的脊椎化石中得出的结论。

🔺暴龙是最大的肉食性恐龙之一。

　　最脆弱的恐龙化石是恐龙的粪化石，即恐龙粪便形成的化石，这是因为粪便更容易被迅速分解。

　　肉食性恐龙并没有植食性恐龙那么庞大，但它们仍然属于庞然大物。例如，兽脚类的鲨齿龙和暴龙，可以长到12米长，而棘龙可以长到15米长。

　　有一类似鸟龙奔跑的速度非常快，时速可能超过80千米/小时。这些似鸟龙外形类似鸵鸟，骨头很轻，身体纤细，却拥有长而有力的下肢。

🔺在世界各地发现化石的地方，发现了数千块粪化石。

◀速度最快的恐龙能轻而易举地追上速度最快的现代动物。

恐龙的惊人事实（二）

　　似鳄龙拥有令人称奇的巨大颚部。连同极长的吻突，它的头颅超过1.2米长。似鳄龙的颚部密布着100多颗致命的镰状尖牙，用来捕食鱼类。

◀这是一具棘龙科似鳄龙的骨架模型，可以看到它有着巨大的颚部和尖利的牙齿。1998年，似鳄龙被发现于非洲的尼日尔。

　　长有最多牙齿的兽脚类恐龙是似鸟龙类的似鹈鹕龙，大约有200颗牙齿。这着实让人吃惊，因为大部分似鸟龙都没有牙齿。

　　迄今发现最小的恐龙是一种叫小盗龙的长羽毛的驰龙。它只有30厘米长，与一只母鸡大小差不多。

　　相对于体形大小而言，大脑体积最大的恐龙要数秃顶龙。它的智商也许能与现代的鹦鹉相当。

▲小盗龙在四肢上长有特别的翎毛，看起来像是两对翅膀。这些"翅膀"也许可以帮助在枝头滑翔。

▲秃顶龙是一种行动迅捷的捕猎者，利用发达的大脑可以追踪或伏击猎物。